La foresta di Shere-Khan

Titolo: La foresta di Shere-Khan

Autore: Renato Massa

renato.j.massa@gmail.com

ISBN utilizzato su CreateSpace: 9781544112107

Sigla editoriale utilizzata su CreateSpace:

CreateSpace Independent Publishing Platform

LA FORESTA DI SHERE-KHAN

Renato Massa

Saggio sulla filosofia naturale
della ecologia del comportamento

Sommario

I Shere-Khan

II Il gene e l'eros

III Credito accademico

I. SHERE-KHAN

1. Ditterocarpi

Ditterocarpi, proprio così ditterocarpi. Quale potrebbe essere il significato di questa strana parola? Che abbia a che vedere con i Ditteri, gli insetti che chiamiamo solitamente mosche e zanzare? No, i Ditteri non c'entrano proprio per nulla, tranne per il fatto di avere soltanto due ali, dal greco antico *diaptera*, appunto. Due ali e con esse un *carpo* che è poi, sempre in lingua greca antica, un frutto: un frutto alato che non è un insetto e che tuttavia vola lontano con due ali simili a quelle dei nostri aceri, disperdendo i semi dei maestosi alberi che lo producono, i ditterocarpi della foresta tropicale asiatica.

Cioè, quello straordinario, spettacolare ambiente che oggi, in una calda e assolata giornata di dicembre, io sto percorrendo a piedi, alla ricerca di un singolare animale.

Sono qui alla ricerca di un erbivoro semi-acquatico, parente alla lontana del cavallo e del rinoceronte, ma munito di uno strano grugno a forma di proboscide che lo ha reso famoso anche in televisione, nonché di tre dita per zampa, come gli antichissimi cavallini *Hipparion*, grandi quanto un cane. Lo chiamano tapiro della Malesia o anche, a causa del disegno bianco argento sulla groppa scura, tapiro dalla gualdrappa.

Perché mai cercare un tapiro? Bene, voglio chiarire subito che io non sono affatto venuto fin qui con l'idea di mettermi a cercare tapiri. In realtà, la mia spedizione di oggi è del tutto estemporanea, anzi è una specie di incidente di percorso dovuto al mio temperamento timido, eccessivamente educato e poco idoneo all'autodifesa quotidiana: sono arrivato a Klong-Nakah (si scriverà poi così?), nella Tailandia peninsulare, con un collega belga, tale Pierre, la cui presenza non era affatto in programma e che ora sta incominciando a darmi seri problemi.

Tutto è iniziato a Hong Kong, dove il belga – mia vecchia conoscenza – è comparso sulla mia strada in occasione di un congresso zoologico internazionale. Con molta incoscienza, dopo i saluti di rito, gli ho parlato della mia intenzione di venire qui per un paio di settimane, subito dopo la riunione. Ottimo, risponde lui, vengo anch'io! Cosa avrei dovuto dirgli: no, tu no? D'altronde, con delicatezza ci ho anche provato, ma lui ha fatto orecchie da mercante: «Non ti disturberò mica se vengo con te, vero?». «Oh no, certamente no, ma vedi... avrei da svolgere un lavoro laggiù e non vorrei che tu ti annoiassi». «Oh no, stai tranquillo per me». Cosa avrei dovuto o potuto fare o anche solamente dire, a questo punto? D'altra parte, la mia missione, se così si può definire, ha ancora contorni piuttosto vaghi. Consiste, più o meno, nella raccolta di informazioni sulle risorse naturalistiche della Tailandia ma non so ancora con precisione quale sia l'obiettivo e neppure quanto e come dovrò darmi da fare per ottenere qualche risultato. Dovrei raccogliere notizie sui parchi e le riserve forestali, gli animali selvatici, eventuali centri di studio e personaggi di spicco della ricerca o della conservazione della fauna. Prima di partire, avevo proposto un'inchiesta a un mensile di storia naturale e il direttore mi aveva accontentato soltanto a metà: «Vai pure e prova a fare quello che vuoi, ma non ti assicuro niente: tutto dipenderà dal materiale che riuscirai a reperire nonché dai nostri programmi dei prossimi mesi. Soldi per le spese non te ne posso dare, semmai ti comprerò un articolo se sarà interessante».

Insomma, non sono un vero e proprio inviato e forse anche per questo motivo non sono stato preso molto sul serio, non sono riuscito a scaricare Pierre e ora me lo ritrovo attaccato alle costole nel mio viaggio tra i Parchi e le Riserve della Tailandia. Da Bangkok, avvalendosi di una Land Rover messa a mia disposizione dal Ministero del Turismo, nonché di una graziosa fanciulla locale di nome Tum che funge da guida ufficiale (e che, naturalmente, è stata subito monopolizzata da lui), mi ha seguito dapprima in un'escursione di una giornata alla colonia di cicogne dal becco aperto di Wat-Pai-Lom, poi in un programma di tre giorni in cerca di grossa fauna a Kao-Yai. Da lassù, infine, siamo venuti qui in treno e autobus, dopo avere praticamente disgustato Tum e la sua amica Narumol che sono partite anzitempo con la macchina e l'autista. Abbiamo viaggiato coi mezzi pubblici per un giorno e una notte e siamo arrivati qui nel profondo sud, a poco più di un'ora da Ranong, verso le otto del mattino. Grazie a una lettera personale dell'ornitologo tailandese Bonsoong Lekagul, siamo stati ospitati in una Stazione del Corpo Forestale dello Stato, nel mezzo della foresta vergine. Il mio zaino è colmo di provviste, che dovrebbero essere sufficienti per un'intera settimana, quello di Pierre – l'ho scoperto soltanto al nostro arrivo qui – non contiene neppure una mela o una merendina al cioccolato. Quando ha saputo che non ci sono negozi nel raggio di una quarantina di chilometri, ha detto: «Non importa, posso anche stare tre giorni senza mangiare». In realtà, io so benissimo che, già da oggi, incomincerà a consumare le mie provviste e quelle dei forestali tailandesi.

In sole due ore di soggiorno Pierre mi ha già messo in questo guaio dei tapiri: dopo avere raggiunto la Stazione della Forestale senza riserve di cibo verso le otto, tanto ha fatto e tanto ha detto, a forza di ripetere senza interruzione quella parola, che il direttore della Riserva, comunicando per mezzo di gesti, sorrisi e pochissime parole in inglese, ci ha assegnato una guardia armata e un altro giovane collaboratore per andare in cerca di quelle bestiacce. In fin dei conti, non poteva neppure vagamente sospettare che la lettera del dottor Lekagul fosse destinata a facilitare il *mio* lavoro e non le pensate estemporanee del mio compagno di viaggio; anzi non poteva neppure sapere che in realtà il mio compagno di viaggio non è affatto un mio assistente e collaboratore né regolare né casuale, bensì un occasionale curioso che mi sta seguendo per suoi motivi personali. In ogni caso, è chiaro che, se avessimo avuto a disposizione un genio della lampada con tre soli desideri, Pierre me ne avrebbe già consumato uno senza costrutto.

Così siamo partiti alle dieci, ancora stravolti per la notte insonne - trascorsa in autobus su sedili troppo piccoli per noi europei - e ancora immersi in un'atmosfera che si potrebbe definire soltanto onirica. Sulla nostra meta non abbiamo potuto sapere nulla di preciso perché nessuno dei nostri due accompagnatori parla anche soltanto poche parole di una qualche lingua che risulti comprensibile anche per noi. Ci limitiamo a camminare di buon passo, noi quattro e un cane bastardino con le zampe corte, in uno scenario verde di uno splendore inimmaginabile.

2. La tigre è qui

La foresta è ondulata di colline, solcata da ampi torrenti ingombri di grandi massi arrotondati, arginata da muri di roccia percorsi da alte cascate d'acqua, disseminata di una miriade di piante gigantesche e strane. L'alta chioma che ci sovrasta - squarciata qua e là da frammenti di un cielo azzurro intenso - poggia alla base su tronchi diritti come colonne e allargati sul terreno in enormi radici carenate, serpeggianti a zig zag come mostruose serpi del fango. Dai rami, scendono lunghe e robuste liane e, su ogni biforcazione, prosperano felci a corna d'alce e orchidee prive di fiori, riconoscibili comunque nel loro abito usuale di semplici mazzi di foglie chiazzate di bruno. A tratti, dal terreno coperto di grandi foglie secche e di inaspettate colonie di funghi, si vedono spuntare fasci di bambù di diametro impressionante, con le cime perse nel folto della chioma. Laddove i raggi del sole trovano una via diretta fino a poca altezza dal suolo, si

11

disegnano immagini piumose di palme o di felci arboree o talvolta impressionanti immagini di fichi strangolatori fittamente avvolti a spirale attorno a una ormai invisibile vittima vegetale.

La foresta è anche abitata da animali straordinari che non avrei mai sperato di potere vedere o anche soltanto di percepire come vicini nei loro ambienti naturali. Sono grandi buceri, uccelli neri dal becco grande quasi quanto tutto il corpo, giganteschi scoiattoli arboricoli, martore dalla gola gialla, agili tupaie e macachi, urlanti gibboni che si muovono nella chioma stando sospesi per le braccia ai rami degli alberi, ma sono anche organismi piccoli e familiari, inattesi in questo scenario: tremuli grilli che riempono l'ombra diurna di un inaspettato e continuo suono notturno, farfalle in abito scuro arabescato di ghirigori gialli e blu, piccole rane arboricole rossastre dalle zampe esili e lunghe.

Al nostro arrivo qui, ci è stato fornito un semplice foglietto che elenca alcune decine tra i più grossi e vistosi animali della foresta, quelli che è meno probabile incontrare di persona. Ci sono orsi dal collare, leopardi, singolari capricorni denominati *serow* nonché stranissimi mustelidi di aspetto orsino noti come *binturong*. Ci sono anche molte istrici, cervi nani senza corna non più grossi di un cane *(muntjak),* enormi e possenti bovini parenti abbastanza stretti del favoloso uro europeo *(banteng)* e anche elefanti. E naturalmente ci sono serpenti, lucertole e uccelli di ogni forma, dimensione e costume. Tuttavia, tra tutte le sensazioni di presenze nascoste, la più forte e anche la più inquietante di tutte è quella del più favoloso e inafferrabile predatore delle selve asiatiche, la tigre.

La tigre è qui, potrebbe trovarsi a un chilometro di distanza oppure celarsi in un qualsiasi intrico di rami su cui gettiamo lo sguardo nel nostro cammino. Per questa selva è una presenza incombente che si insinua in ogni tronco e in ogni foglia come un'ombra animata di forza e di minaccia. Nulla sarebbe lo stesso senza di lei: le distese di colline non sembrerebbero tanto interminabili e i torrenti non lascerebbero spaziare la fantasia verso lontane montagne emergenti dal mare di alberi. Non sarebbero neppure, la notte e il giorno, tanto chiaramente delimitati dai contorni netti di un'alba improvvisa e di un tramonto repentino. Non si attenderebbe il favore della luce solare, per osare avventurarsi - sempre con prudenza, con molta prudenza - nei territori della grande cacciatrice; non sarebbe necessario, alla scomparsa della luce del sole, ritirarsi in fretta e furia nelle case di legno disseminate sulle radure. Dal tramonto in poi, tutto lo spazio non occupato dalla nostra specie non è più umano, diventa unicamente tigrino. La tigre potrebbe essere ovunque, su una strada campestre, presso una casa forestale o persino nei pressi della *reception* di un grande albergo isolato. Ne ho avuto una precisa sensazione qualche giorno fa, a Kao-Yai, quando mi sono accorto che Tum esitava a percorrere a piedi i due o trecento metri che separano il ristorante del nostro albergo dal gruppo dei *bungalow* in cui

13

siamo alloggiati. Le ho chiesto perché e allora mi ha raccontato.

Non è vero - ha detto Tum - che la tigre evita sempre l'uomo e che non colpisce se non in circostanze eccezionali. Quando anche fosse così, non devi farti illusioni: sarebbe soltanto per la continua vigilanza umana.

Una delle ore più pericolose è proprio quella del tramonto. Fu proprio verso le sei di sera, nell'estate del 1977, che la tigre colpì a Kao-Yai. La vittima fu un bambino di dieci anni, figlio di un guardaparco, che stava giocando tranquillamente con una piccola automobile di plastica o qualcosa del genere all'interno della sua casa. A un tratto, il giocattolo gli scivola via attraverso una fessura tra due assi del pavimento. Non stupisca la circostanza: per fronteggiare in modo adeguato il periodo delle piogge monsoniche, le case tailandesi sono costruite interamente in legno e sospese a qualche metro da terra a mo' di palafitte. Il pavimento è fatto di assi di legno ed è sospeso sull'acqua o sull'erba. Subito, il ragazzino si affretta fuori per recuperare il piccolo oggetto. Scivola sotto la casa sospesa, come deve aver fatto già molte volte prima di questa, ma con sorpresa e orrore vi trova una tigre in agguato. Aggredito, ha il tempo di urlare per chiedere aiuto e infatti viene soccorso quasi subito. La tigre è messa in fuga e il bambino è trasportato d'urgenza all'ospedale dove però muore poco dopo.

All'una di notte, un gruppo di guardie tenta una battuta usando una gallina come esca. La tigre, che è ancora

14

digiuna e ormai molto eccitata, si fa viva di nuovo ma il suo attacco è tanto repentino da cogliere di sorpresa un giovane guardaparco: il poveretto, che ha appena ventotto anni, è ucciso sul colpo da una terribile zampata che gli scoperchia letteralmente il cranio.

Il giorno dopo, infine, la tigre due volte assassina viene raggiunta e finalmente uccisa. È un vecchio maschio di tre metri di lunghezza; la sua pelle sarà conservata in un museo locale.

Un'altra tigre – ha detto ancora Tum – si è sdraiata a riposare nel bel mezzo di una strada forestale finché non è sopraggiunta una guardia in motocicletta. All'ultimo momento si alza a fronteggiare l'uomo; allora questi accelera disperatamente e riesce a dileguarsi in extremis, quando già si sente alle costole quella terribile macchina semovente di zanne e di artigli. Nel trambusto, in un modo o nell'altro, perde anche l'arma di ordinanza. A sentir lui, sarebbe stato praticamente sfiorato dalla tigre che, tentando di raggiungerlo, gli avrebbe strappato la tracolla del fucile con una terribile zampata. L'uomo, però, non ha subito ferite neppure lievi; forse, in realtà, si è liberato dell'arma per fuggire più liberamente e poi ha inventato tutto il resto, temendo di poter subire una punizione per un comportamento non degno di un valoroso soldato quale egli dovrebbe essere.

Ho riferito queste storie a Pierre che, tuttavia, mi è sembrato pericolosamente indifferente. Ha emesso più volte

15

un particolare sbuffo francofono che assomiglia a una vera e propria piccola pernacchia, prodotta però con le sole labbra, e ha detto che, a suo parere, non è per nulla il caso di preoccuparsi: il mio amico belga ha viaggiato per diverse settimane in campeggio in Alaska, in mezzo ai sanguinari orsi *grizzly* e, come io posso ben constatare, non gli è successo assolutamente nulla. Certo, ha avuto notizia di qualche sporadica, rarissima aggressione, ma non se n'è preoccupato più che tanto né tantomeno ha rinunciato al suo fantastico viaggio nella tundra per un motivo tanto banale come il rischio di essere sbranato. Insomma, secondo Pierre, un'aggressione di un orso grigio o di una tigre sono eventi altrettanto improbabili e imprevedibili come un incidente mortale in automobile o in aereo. *C'est la vie.* Chi di noi rinuncerebbe a viaggiare per il timore di un piccolo rischio calcolato?

Avrei potuto anche lasciarmi convincere da Pierre se proprio il giorno seguente, ancora a Kao-Yai, non avessi constatato che, attorno ai *lodges*, c'è un'ampia radura condotta a prato raso che viene praticamente utilizzata come un'immensa area da picnic dai visitatori del Parco. Se ne stanno tutti insieme e si guardano bene dal mettere piede anche un solo metro all'interno della foresta. Noi, incautamente, lo abbiamo fatto su consiglio di Tum (che però non è venuta con noi) su un sentiero circolare di un'ora e mezza e debbo dire di considerarmi fortunato di esserne

16

uscito tutto intero: a quanto ho sentito, infatti, i rarissimi incidenti capitano proprio ai rarissimi incoscienti come noi.

Certo, l'atmosfera era quasi magica e i miagolii dei garruli crestati assomigliavano a risate di streghe o di gnomi; nel folto, però, a un certo punto, abbiamo percepito un fortissimo odore di selvatico e io mi sono sentito gelare il sangue. Poi, ho tirato un sospiro di sollievo constatando che si trattava soltanto di macachi: erano almeno una ventina, scendevano precipitosamente dagli alberi e si davano alla fuga per terra. Da quel punto in poi, però, ho avuto paura. Non so Pierre, ma io ho avuto molta paura. L'ho detto anche a Pierre che ha sputato una delle sue sentenze senza preavviso: «Non sapevo che gli italiani fossero tanto vigliacchi». Allora, mi sono molto inquietato e anche offeso: «Non generalizzare» gli ho risposto, «guarda me per esempio, io vedo bene come sei tu, ma non per questo me la prendo con tutti voi belgi». «Come sarei io secondo te?» ha insistito lui da vero impunito e, a questo punto, io ho anche perso il mio senso dell'umorismo: «Come saresti?» gli ho sibilato con rabbia, «il fatto è che *sei* tutto scemo, non lo vedi?». Poi abbiamo proseguito in silenzio finché il sentiero non ci ha portati allo scoperto, prima su una rassicurante distesa di erbe alte e poi, con mio enorme sollievo, sul grande prato dei picnic. Qui, da un gruppo di gitanti aziendali di Bangkok ci è stato fatto cenno di avvicinarci e uno di loro, un signore grasso e molto cordiale, ha molto insistito con una serie di eloquenti gesti affinché ci fermassimo alla loro tavola a mangiare qualcosa. Il fuoco era acceso e l'odore era ottimo. È stato bellissimo.

3. Thai girls.

"Thai - girls, we are the real Thai - girls" Protesa all'indietro con le mani sollevate ad artiglio e i denti in bella mostra in un delizioso sorriso un po' felino, Tum si rivolgeva a Pierre dal sedile anteriore della Land Rover, dove stava seduta tra Narumol e l'autista. Scherzava in un modo piacevolmente allusivo, sull'evidente assonanza dei termini inglesi che indicano le ragazze tailandesi e, rispettivamente, le tigri. Pierre era rimasto impassibile come uno stoccafisso e a me era sembrato opportuno intervenire a sostegno della nostra reputazione latina: *"Are you also man-eaters?"*, (siete anche voi mangiatrici di uomini?) le avevo risposto di getto tentando di proseguire nello scherzo, ma a questo punto era intervenuto Pierre: *"How many tigers do you have in Kao-Yai?"*, (quante tigri avete a Kao-Yai?), aveva domandato in un modo terribilmente pedante e inopportuno. Gli avevo lanciato un'occhiata fulminante ma il mio collega non se ne era dato minimamente per inteso e aveva continuato a fissare il vuoto con i suoi occhi grigi, ben diritto sul sedile col teleobiettivo appoggiato alla spalla, come un caporale con la sua mitraglietta. A questo punto avevo capito che l'ordine del giorno, ormai, non ammetteva modifiche e mi ero rassegnato a desistere da ogni ulteriore tentativo di ammorbidimento

dell'atmosfera. Mentre Tum gli rispondeva non so cosa, mi ero stretto in un angolo gettando uno sguardo fuori dal finestrino: la campagna scorreva pianeggiante, fitta di canali, di filari di palme da cocco e di dronghi neri sui fili della luce; con la campagna, scorrevano uno via l'altro anche i miei pensieri.

Se io percorro la foresta senza osservare le necessarie norme di prudenza, una tigre potrebbe uccidermi e mangiarmi. Ogni tigre è progettata e costruita per questo, per uccidere e mangiare grossi animali come cervi, antilopi, cinghiali e anche esseri umani. Per questo una tigre ha zanne e artigli e per questo è tanto grossa e forte.

L'aggressione di una tigre può essere spiacevole, ma non è punibile da parte di noi uomini in senso legale poiché una tigre non viene considerata dalla legge come un agente morale. Se una tigre uccide un uomo, io posso anche organizzare una battuta di caccia per uccidere lei, ma lo faccio esclusivamente per risparmiare un pericolo ad altri esseri umani e non per punire la tigre che non può essere considerata "colpevole" se si comporta come un grosso felino selvatico.

Ora invece, se io percorro le strade della mia città senza osservare le necessarie norme di prudenza, può accadere che un gruppo di rapinatori o di teppisti mi aggredisca. Se ciò dovesse accadere e se io dovessi scampare alla morte e riuscissi infine a ritrovare i miei aggressori, potrei ben richiedere nei loro confronti una punizione esemplare. È evidente, infatti, che ognuno di noi ha *il diritto* di non venire aggredito da altri esseri umani mentre cammina per le strade della sua città. Tale diritto esiste oggettivamente non perché abbia un riscontro di qualsiasi genere in natura ma perché è sancito da norme scritte che prevedono punizioni ben precise per ogni diverso caso di aggressione. Per tentare di sfuggire alla punizione, i miei aggressori potrebbero negare di avere commesso il fatto oppure potrebbero addurre scuse o circostanze attenuanti di vario tipo, o ancora potrebbero tentare di corrompere o minacciare il loro giudice, ma certamente non verrebbe loro in mente di discolparsi sostenendo di essere naturalmente predisposti fin dalla nascita ad aggredire e rapinare i passanti. Infatti, se anche una tale argomentazione rispondesse a verità, risulterebbe comunque irrilevante: l'esistenza di una legge che punisce le aggressioni degli uomini verso altri uomini non implica il riconoscimento che gli esseri umani non abbiano alcuna predisposizione naturale a questo tipo di attività ma soltanto che essa viene riconosciuta dalla comunità civile come indesiderabile e quindi da reprimere. È precisamente l'esistenza di questo riconoscimento convenzionale collettivo che fa di ciascuno di noi un "agente morale".

Ora, ammettiamo che io percorra un territorio remoto, abitato da popolazioni umane cannibali. Se un gruppo di indigeni mi aggredisce, mi uccide e mi mangia, come deve essere considerata questa azione? È possibile omologarla a quella dei rapinatori oppure è più opportuno considerarla di un tipo analogo a quella della tigre? Si potrà obiettare che la domanda è insidiosa e magari anche razzista e politicamente scorretta, non tanto per la difficoltà del problema che pone, quanto perché configura una risposta di tipo ideologico. Infatti, molti di noi credono fermamente che i cannibali, in quanto esseri umani, debbano essere dotati di una piena coscienza del bene e del male e che pertanto, se compiono azioni che ci appaiono inumane e inaccettabili, pur tenendo nel debito conto tutte le circostanze attenuanti dovute alla loro diversa cultura, non possano però essere considerati totalmente irresponsabili alla stregua di belve. Altri, invece, saranno certamente disposti a sostenere che i cannibali, anche se appartenenti alla specie umana, sono talmente lontani dalla nostra cultura che, in pratica, sono da ritenere come non responsabili delle loro azioni, alla stregua di bambini o di minorati mentali.

Lasciamo allora da parte un problema tanto difficile e immaginiamo, senza uscire dall'ambito delle comunità politicamente organizzate, che io scriva un libro che risulti estremamente sgradito a un gruppo politico, sociale o religioso facente parte di una comunità diversa dalla mia e che il capo di tale gruppo - autorità dalla quale io non dipendo in alcun modo ma che è riconosciuta come assoluta, suprema e infallibile da tutti gli adepti - mi condanni pubblicamente a morte ed esorti i suoi seguaci ad eseguire al più presto la sentenza. In che modo debbo giudicare l'azione di questo capo? È semplicemente una forma di teppismo irresponsabile

21

o è piuttosto l'espressione di una cultura diversa dalla mia, che va scrupolosamente rispettata e non giudicata negativamente?

Se volessimo optare per questa seconda ipotesi, dovremmo logicamente concludere che, anche nell'ambito della nostra specie, esistono comunità diverse e divergenti che, in materia di rapporti umani e sociali, hanno concezioni fortemente difformi tra loro. Ora, su queste concezioni, le eventualità possibili sono soltanto due: o tutte sono puramente soggettive - e quindi non possono in alcun modo rappresentare la base di una filosofia morale universale - oppure alcune sono puramente soggettive mentre altre sono anche oggettive.

Ci troviamo a questo punto di fronte a un dilemma: o la legge morale è un fatto permanente e il progresso delle culture umane consiste semplicemente in una sua graduale scoperta, oppure è contingente e mutevole a seconda delle circostanze ambientali e allora è possibile che le diverse concezioni morali siano tutte in qualche modo oggettive, poiché esse esprimono semplicemente la necessità di adattarsi ad ambienti diversi. Perciò, a meno che non decidiamo di aderire ai dogmi di una religione rivelata o di una concezione di tipo idealista-hegeliano, dobbiamo riconoscere che ognuno si comporta in modo tale da sopravvivere e prosperare nell'ambiente in cui si è originato e in cui si trova a vivere. Pertanto, quando sosteniamo che la tigre non è un agente morale, dobbiamo anche precisare il significato di questa asserzione: la tigre, proprio come i cannibali o come il capo religioso che pronuncia condanne a morte, non aderisce alle convenzioni morali della nostra civiltà occidentale; però, la mancanza della sua adesione non deriva necessariamente da una sua incapacità intrinseca di limitare o dissimulare volontariamente la propria tendenza predatoria, tanto è vero che, nei circhi, le tigri che hanno imparato a riconoscere le nostre convenzioni morali, non aggrediscono il loro domatore ma anzi cooperano con lui per la buona riuscita dello spettacolo e anche in natura, le tigri non aggrediscono affatto in modo indiscriminato qualsiasi cosa che si muova. Ogni tigre agisce come predatore non solo perché ha una naturale tendenza a farlo ma anche perché nel corso della sua vita ha imparato che, nel suo contesto contingente, può permettersi di farlo senza problemi di ritorsione.

Dunque, è possibile che anche la nostra capacità di giudizio morale sia frutto di un apprendimento sociale che riassume i risultati di migliaia di anni di evoluzione biologico-culturale; non possiamo aspettarci che qualcuno - tigre o uomo che sia - possa adottare i nostri civilissimi punti di vista se questi non gli servono a nulla per il suo benessere e per la sua sopravvivenza presenti e futuri nel contesto reale in cui si trova a vivere.

4. Dente lungo.

«Settanta tigri, hai sentito? A Kao-Yai ci sono settanta tigri».
Pierre ora mi parlava ad alta voce all'orecchio scuotendomi
anche la spalla come per distogliermi dal paesaggio e dai miei
pensieri. «Con settanta tigri in giro, dovremmo avere una
ragionevole probabilità di vederne una». «Settanta tigri su
quanti chilometri quadrati?» domandai io a questo punto.
Pierre parve turbato da questa mia inaspettata richiesta di
chiarimenti: «Non so» mormorò rivolgendo lo sguardo verso
Tum. «È fondamentale» insistetti allora con un certo
compiacimento, «settanta tigri possono essere un numero
alto, basso o medio a seconda dell'estensione dell'area in cui
si trovano e della qualità dell'habitat all'interno di essa. È
anche evidente che la possibilità di osservarne una può
variare enormemente in dipendenza di molti fattori, per
esempio la densità di popolazione, ma anche il tipo di habitat
e le tradizioni delle tigri locali. Anche le tigri hanno le loro
tradizioni, o no?» «Ah sì, certo che le hanno» intervenne Tum
con trasporto, «vi sono molti animali che hanno modi di vita
diversi da una regione all'altra, proprio come gli esseri
umani». «Sì, proprio vero» confermai io, ma subito tornai
sull'argomento che in quel momento mi sembrava di
maggiore interesse: "Dunque, vediamo... se una tigre occupa
un territorio di cinquanta chilometri quadrati, settanta tigri
dovrebbero avere a loro disposizione almeno 3500 chilometri
quadrati di foresta. Qual è l'estensione di Kao-Yai?"
«Più di 200 mila ettari» rispose Tum.

«Cioè quanti chilometri quadrati?» domandò Pierre.

«Duemila» precisai io, «ecco vedi, le tigri di Kao Yai sono quasi il doppio di quelle che dovrebbero essere. In India succede anche di peggio, con duecento o anche trecento tigri su un'area protetta di questa estensione... ammesso che in India esistano aree protette di questa estensione». «Forse ce ne sarà qualcuna, ma certamente non molte» precisò Tum con un certo orgoglio, «so che Kao-Yai è una delle maggiori aree protette di tutta l'Asia». «Sì, è vero», annuì Pierre sfogliando un libretto verde in francese, «però, qui vedo che, in India, la *Manas Tiger Reserve* raggiunge 2800 chilometri quadrati, la *Simlipal Tiger Reserve* 2750, la *Sunderbans Tiger Reserve* 2500, la *Kanha Tiger Reserve* 1945...»

«C'è anche scritto quante tigri esistono ancora in Asia?» gli domandai. «No, non credo», rispose Pierre scuotendo leggermente la testa, «però, mi sembra di aver letto da qualche altra parte seimila, di cui forse quattromila nella sola India». «Seimila» ripetei, «seimila tigri avrebbero bisogno di almeno trecentomila chilometri quadrati di foresta più o meno indisturbata. Secondo te, esiste tanta foresta così in tutta l'Asia tropicale?» «Ne dubito molto» intervenne Tum scuotendo il capo, «l'Asia è un continente sovrappopolato».

«Anche l'Europa lo è» dissi io, «dovresti vedere la densità delle case e delle fabbriche attorno a Milano o a Bruxelles».

«Sì, ma voi non avete tigri» obiettò Tum, «non so neppure se avete ancora grossi animali carnivori».

«Oh sì, abbiamo ancora orsi e lupi» dissi con una certa fierezza. Pierre tacque e io pensai che in realtà, in Belgio, non ci sono più da molto tempo né orsi né lupi.

«Gli orsi non sono molto pericolosi» osservò Tum, «anche noi abbiamo molti orsi ma so che non danno quasi mai problemi. Dei lupi non so, ma non credo che i problemi causati dai lupi siano paragonabili a quelli delle tigri». «No, non lo sono» confermai io, «perlomeno non in Italia al giorno d'oggi».

Sapevo dei problemi che erano sorti in India con la cosiddetta "operazione tigre", varata nel 1972. A quei tempi, la popolazione indiana della tigre aveva raggiunto un minimo storico, circa duemila capi dai 40-50 mila dell'inizio del secolo. Nel frattempo, la sua area di distribuzione in Asia aveva subito una vistosissima contrazione: scomparsa totalmente dalla Turchia, divenuta introvabile in Iran e rarissima persino a Giava e Sumatra, arroccata in poche località con un limitatissimo numero di esemplari in Siberia e in Cina, drasticamente ridotta nelle sue roccaforti indiane e indocinesi. Era assolutamente necessario fare qualcosa, ma era ben difficile prendere le decisioni teoricamente corrette. Infatti, dal 1900 al 1975, la popolazione umana dell'Asia si è quasi triplicata, passando da poco più di 800 milioni a 2,2 miliardi di abitanti. Poi, dal 1975 al 1985, si è ancora quasi raddoppiata, raggiungendo i quattro miliardi È ovvio che un aumento tanto spettacolare, avvenuto per la maggior parte in Cina, India, Indocina e Indonesia, doveva dar luogo a drammatiche modifiche ambientali: nella sola Tailandia e soltanto dal 1961 al 1973, la percentuale di territorio ricoperto da foresta è passata dal 53,3% al 43,2% e, in seguito, è continuata a diminuire scendendo fino al 22,4% nel 1985. Si può quindi valutare che l'area totale ricoperta da foresta nell'Asia tropicale si sia ridotta almeno del 60-70% nel corso del ventesimo secolo e che ancora stia continuando a ridursi.

L'"operazione tigre" del World Wildlife Fund, così come era stata concepita e finanziata, non poteva certamente incidere su queste drammatiche realtà di fondo. In definitiva, tutte le iniziative messe in atto si limitarono all'istituzione di alcune zone protette in varie regioni dell'India nonché alla introduzione del divieto di caccia. I risultati non mancarono: nel 1979, a soli sette anni dall'inizio dell'operazione, i rapporti ufficiali parlavano già di tremila esemplari in tutto il paese.

Purtroppo, però, all'aumento di popolazione delle tigri, non si è accompagnato un aumento di estensione e di tranquillità degli habitat ad esse riservati e, di conseguenza, i tradizionali problemi di convivenza tra le tigri e gli esseri umani si sono addirittura acuiti. Spesso i Parchi sono troppo piccoli, sovrappopolati di felini e continuamente invasi dagli uomini che, più o meno di frodo, raccolgono frutti e legna, fanno pascolare il bestiame, falciano erba. In queste condizioni, gli incidenti sono pressoché inevitabili, anche perché la vita gomito a gomito può far diminuire la diffidenza e il rispetto reciproco tra gli uomini e i grandi carnivori.

Tale diminuzione può verificarsi anche per motivi diversi: per esempio, nel Parco di Dudhawa, un funzionario di nome Arjun Shingh tentò per molti anni di "riabilitare" alla vita selvaggia diversi cuccioli di tigre nati in cattività. I cuccioli venivano alimentati con carne di bufalo fino all'età di 2-3 anni; poi venivano lasciati liberi, ma ancora riforniti, per un certo periodo, di una certa quantità di cibo gradualmente decrescente. Si sperava, così, di riuscire a invogliare le tigri a cacciare da sole. Purtroppo, tale procedimento si rivelò non solo del tutto superfluo (il problema di Dudhawa non era un basso numero di tigri ma, al contrario, una estensione troppo piccola del Parco per le tigri già esistenti) ma anche assolutamente disastroso: uno dei tigrotti, Tara, imparò a cacciare soprattutto gli uomini con i quali aveva raggiunto, evidentemente, una eccessiva familiarità e quando venne infine abbattuto, aveva già ucciso ventidue persone; un altro, Dente lungo, prima di scomparire nel nulla, riuscì a uccidere quattro persone. Tra il 1973 e il 1982, nei Parchi di Dudhawa e di Corbett, il numero delle "mangiatrici di uomini" continuò ad aumentare fino ad assumere proporzioni terrificanti: il bilancio fu di oltre cento morti, tra i quali numerosi bambini aggrediti anche sulla via tra il loro villaggio e la scuola, molti feriti, innumerevoli capi di bestiame uccisi.

Uno scrittore-fotografo indiano, Ramesh Bedi, ha scritto: "Nel febbraio 1979 ho vissuto per qualche giorno in un piccolo villaggio della tribù dei Tharu. La popolazione viveva sospesa tra il terrore e un'atavica rassegnazione: in meno di un anno, la feroce tigre Mohammadi aveva ucciso e sbranato quindici persone. I Tharu sono nomadi e vivono in gruppi poco numerosi: non c'era quindi nessuno, in quel villaggio, che non avesse perduto almeno un parente o un amico e i loro racconti erano pieni di dolore, di raccapriccio e anche di rabbia. 'La nostra pelle vale molto meno non della pelle della tigre, ma della sua sola coda.' Diceva esasperata una giovane vedova. E non aveva tutti i torti: il governo paga 5000 rupie alla famiglia di un 'divorato' e la vedova di Ramdas, sesta tra le vittime di Mohammadi, non sapeva come sfamare i suoi dodici figli."

Ancora più drammatica è la situazione nella regione del delta del Gange denominata Sunderbans e situata a cavallo del confine con il Bangladesh. Qui esiste una florida popolazione di 600 tigri che, dal 1975 al 1989, si è resa responsabile dell'uccisione di ben 521 persone, con una media di quasi 40 morti all'anno. La cosa più strana è che qui le mangiatrici di uomini non sono tigri fisicamente menomate o dal comportamento in qualche modo alterato ma adulti in ottime condizioni fisiche e perfettamente in grado di abbattere prede robuste come cervi o bufali. Aggrediscono i pescatori nuotando silenziosamente fino alle loro barche, uccidono i raccoglitori di miele selvatico che si spingono nel folto della foresta, fanno irruzione nelle capanne per prendere donne e bambini. Nessuno ha ancora capito perché le tigri delle Sunderbans siano tanto pericolose, ma una ipotesi è certamente possibile: si può pensare che nel Gange, le tigri trovino facilmente i cadaveri galleggianti che vi vengono gettati a Varanasi e altrove, secondo un'antica usanza indiana. Molti cadaveri vengono certamente trasportati dalla corrente fino alla regione del delta e qui potrebbero arenarsi su qualcuna delle innumerevoli isolette o tra le radici aeree delle mangrovie. Abituati in tal modo al gusto della carne umana, i felini cercherebbero poi di procurarsela non soltanto raccogliendo i morti ma anche prelevando i vivi. In ogni caso, gli uomini delle Sunderbans non stanno più con le mani in mano ma si sforzano di mettere in atto metodi di difesa. Per esempio, costruiscono manichini elettrificati con sembianze umane e odore di urina umana e li piazzano nei punti a rischio. Quando la tigre attacca, riceve una scarica da 250 volts e impara in tal modo ad associare la figura dell'uomo all'idea di un forte dolore.

Altri metodi in uso sono rappresentati dalle armature e dalle maschere. Le prime sono costituite da una sorta di casco da motociclista con paraschiena e spuntoni in ferro, utili certamente ma decisamente poco pratici per chi deve lavorare a 40-45 gradi all'ombra; le seconde sono semplici maschere di gomma che si applicano sulla nuca e danno alla tigre che si avvicina alle spalle la sensazione di trovarsi faccia a faccia con gli uomini che le portano. I risultati sono decisamente buoni: le tigri non osano quasi mai aggredire gli uomini che portano maschere e, da quando il sistema è entrato in uso, il numero dei morti è nettamente calato.

5. Buceri

Al nostro arrivo a Bangkok, vi avevamo fatto tappa per tre giorni interi, dedicandoci con molta serietà e dedizione a organizzare il viaggio nell'interno del paese. Anzitutto eravamo andati a trovare il decano dei naturalisti locali, il dottor Boonsong Lekagul, in un immenso ufficio ottocentesco dalle pareti letteralmente tappezzate di trofei di ungulati selvatici. Avevamo ottenuto da lui molti utili consigli nonché un paio di preziose lettere di presentazione a un funzionario del Corpo Forestale nonché a una ricercatrice universitaria. Il giorno seguente, dopo aver visitato con molta cura un interessante giardino zoologico locale, avevo spedito Pierre all'ufficio del turismo con istruzioni molto dettagliate mentre io ero saltato su un motociclo-taxi con destinazione per l'Università dove dovevo incontrare la ricercatrice: una giovane ornitologa allieva di Lekagul e del suo collega inglese Edward Cronin, impegnata già da alcuni anni in una ricerca sulla vita dei buceri nel Parco di Kao Yai. Miss Pilai Poonswad, così si chiamava, mi aveva ricevuto con molta cortesia in un ufficio-laboratorio abbastanza fatiscente e polveroso da testimoniare l'esistenza di una solida tradizione accademica anche nel lontano regno del Siam. L'arredo era costituito – proprio come a Milano, a Bruxelles o a Edimburgo – dalle solite vetrine tarlate, ricolme di bocce e boccette contenenti resti mummificati e pressoché irriconoscibili di pesci, rettili, anfibi e invertebrati; le pareti, laddove non erano impegnate da scaffali metallici pieni di vecchi libri ingialliti e carte ammassate apparentemente alla rinfusa, si ricoprivano di vecchi poster anatomici sbiaditi o di altre immagini di animali di svariata provenienza.

«Il suo argomento di lavoro è straordinario» le dissi dopo i preamboli di cortesia, «la invidio molto e sarei felice di saperne qualcosa di più». «Guardi, c'è una fortunata combinazione: io devo proprio andare a Kao-Yai domenica prossima per un lavoro sul campo. Sabato, dovrebbe arrivare dal Giappone il mio socio e collaboratore in questa ricerca. Se lo desidera, potrà venire con noi a seguire le osservazioni».

«La ringrazio molto. Vedrò senz'altro di organizzarmi. Intanto, se mi consente, vorrei farle una domanda: come mai ha scelto di lavorare proprio sui buceri?». «Buona domanda... beh, vede, potrei dire che sono ottimi indicatori ecologici, dato che non possono sopravvivere senza la foresta. Alcune specie scompaiono già se la qualità della foresta diminuisce. Ma, in realtà, è anche vero che li amo molto... forse li amo proprio per le loro strette esigenze ecologiche». Aprì a pagina 122 la *Bird Guide of Thailand* di Lekagul e Cronin mostrandomi la tavola 56 con il testo a fianco:

BUCERI: Famiglia Bucerotidae *Insoliti, grandi uccelli di foresta dotati di un becco enorme. Nella stagione non riproduttiva, formano stormi con posatoi comuni per la notte. Pur essendo onnivori, si nutrono prevalentemente di frutti di piccole dimensioni. Volo forte e lento, con forte rumore "sibilante" prodotto dalle penne delle ali. Biologia riproduttiva assolutamente unica: la femmina si mura all'interno di un albero cavo, costruendo una robusta barriera di fango e di feci per bloccare l'ingresso, ma lasciando una piccola apertura attraverso la quale il maschio le passa il cibo durante tutto il periodo dell'incubazione e dell'allevamento. Richiami rauchi e abbaianti, suoni ridacchianti e ruggenti. Delle 45 specie note, 13 si trovano in Tailandia.*

Seguiva una lista delle specie con i nomi scientifici e volgari in inglese:

Berenicornis comatus	White-crested Hornbill
Ptilolaemus tickelli	Brown Hornbill
Anorrhinus galeritus	Bushy-crested Hornbill
Aceros nipalensis	Rufous-necked Hornbill
Rhyticeros leucocephalus	Wrinkled Hornbill
Rhyticeros undulatus	Wreathed Hornbill
Rhyticeros plicatus	Blyth's Hornbill
Anthracocerus malayanus	Black Hornbill
Anthracoceros albirostris	Indian pied Hornbill
Anthracoceros convexus	South pied Hornbill
Bucerus rhinoceros	Rhinoceros Hornbill
Bucerus bicornis	Great Hornbill
Rhinoplax vigil	Helmeted Hornbill

Mi resi subito conto – e ne fui gradevolmente sorpreso – che la tassonomia di Lekagul e Cronin era identica a quella della guida degli uccelli del sud-est asiatico di King e Dickinson. Sembra ovvio ma non lo è perchè spesso gli zoologi lasciano le tracce più vistose del loro passaggio soprattutto moltiplicando i sistemi di classificazione e i nomi latini per indicare la stessa cosa. Ebbi comunque la consueta sensazione di sconcerto nel constatare che tredici specie di uccelli che, tutto sommato, sono tutte molto simili tra loro, venivano catalogate in otto generi diversi. In un caso come questo, il profano finisce per avere l'impressione che si abbia a che fare con tredici oggetti di una stessa categoria (Bucerotidi) classificabili in otto sotto-categorie di uguale significato concettuale. In realtà, di solito, non è così; cioè, i generi non formano affatto una raggiera di ranghi che si diparta in modo simmetrico da un punto di origine, ma piuttosto una complicata figura arborea in cui nessuna biforcazione si trova mai alla stessa altezza di un'altra e quindi non è effettivamente equivalente ad essa. Perciò, le apparenti gerarchie che compaiono nei passaggi da una categoria tassonomica a quella successiva (ordine: Coraciiformes; famiglia: Bucerotidae; generi: *Berenicornis, Ptilolaemus* etc.) non sono, in realtà, imperfette, ma semplicemente false. In effetti, il sistema di classificazione escogitato da Linneo costringe tutti gli organismi viventi in una serie di categorie discrete rappresentabili sulla carta da ranghi situati a livelli fissi mentre, nella realtà, essa potrebbe essere esprimibile (ammesso di conoscere nei dettagli tutta la sua storia evolutiva) soltanto per mezzo di uno sterminato numero di livelli intermedi e le ramificazioni, proprio come quelle di un albero, potrebbero apparire equivalenti tra loro solo in via del tutto occasionale. Quando io dico *Bucerus bicornis* e *Bucerus rhinoceros* implico formalmente che queste due specie siano dotate di una "bucerità bucera" che differisce dalla "bucerità antracocera" di *Anthracoceros albirostris*; però, in realtà, io non posso affatto garantire che la divergenza storica tra bucerità bucera e bucerità antracocera sia stata contestuale a quella che ha separato queste due bucerità da quella, poniamo, ptilolaema; anzi, so bene che è molto più probabile che non sia stato così e che addirittura la stessa certezza della condizione di bucerità, contrapposta a quella di bucorvità o di upupità è tutt'altro che facile da assodare. Ne consegue, che l'intero sistema linneiano costituisce una semplificazione fuorviante. L'unico modo oggettivo per classificare gli animali e le piante in specie, generi, famiglie, ordini e via dicendo può soltanto essere quello di accertare effettivamente le date della loro divergenza e dividerli in categorie tassonomiche di gerarchia diversa in funzione di queste. Oggi, questa operazione è diventata possibile con il confronto del DNA delle varie specie ed è stata effettivamente iniziata nel caso degli uccelli in un gigantesco lavoro del biologo Sibley e dei suoi collaboratori.

I buceri – riprese a raccontarmi miss Pilai – sono quasi tutti africani e asiatici. Una specie reperibile anche in Tailandia, il bucero di Blyth *(Rhyticeros plicatus)*, raggiunge la Nuova Guinea, le Molucche, l'arcipelago delle Bismarck e alcune altre isole in piena Oceania. Quasi tutte le specie vivono in coppie celandosi nelle foreste più fitte e profonde; alcune abitano le savane e, in casi limite, si sono addirittura adattate alla vita sul terreno.

L'espediente escogitato – in senso evolutivo, si intende – dai buceri per la nidificazione risulta eccezionalmente efficace come mezzo di difesa della nidiata, persino contro le incursioni delle scimmie e di serpenti arboricoli: ben pochi predatori, infatti, oserebbero affrontare l'enorme becco a forma di scimitarra che difende risolutamente la sottile apertura del nido. La femmina resta nella cavità così sigillata da sei a dodici settimane, periodo variabile in funzione del tempo richiesto per la cova e lo sviluppo dei piccoli nelle varie specie nonché dello stadio di sviluppo dei piccoli scelto per il suo ritorno alla "libertà". Di solito, quando i piccoli sono pressappoco a metà della crescita, l'apertura viene allargata in modo che la femmina possa uscire e aiutare il compagno nel suo compito di raccolta del cibo, ormai diventato estremamente gravoso.

Miss Pilai precisò tuttavia che non tutte le specie di buceri della Tailandia erano oggetto delle sue osservazioni, anche perché non tutte erano reperibili a Kao-Yai. Il suo studio nel Parco era limitato soltanto a tre specie, le uniche presenti nella zona, il bucero testabianca coronato, *(Rhyticeros undulatus)*, il bucero bianco e nero orientale *(Anthracoceros albirostris)* e il grande calao asiatico *(Bucerus bicornis)*. Di queste tre specie, miss Pilai mi mostrò anche alcune belle diapositive scattate ai posatoi notturni per mezzo di un teleobiettivo di lunghissima focale. Infine, ci demmo un appuntamento per la domenica mattina, presso la Direzione del Parco, e poco dopo ci salutammo.

6. Kao Yai.

Può essere seccante parlare di soldi ma quando ci vuole, ci vuole. Da Milano, la segretaria di redazione del mio mensile di storia naturale aveva avuto un gran da fare per organizzarmi la tappa a Bangkok: incontro con naturalisti tailandesi, contatto con l'ufficio del turismo, facilitazioni negli spostamenti e negli alloggiamenti locali e via dicendo. In pratica, i tailandesi ci avevano comunicato per lettera che avrei potuto usufruire di guida, automobile e alloggio gratuito presso il lodge del Parco. Invece, dopo avere spedito Pierre all'ufficio del turismo, ho scoperto di potere usufruire soltanto di uno sconto del cinquanta per cento:

«Una splendida opportunità» mi dice Pierre con molta soddisfazione appena lo raggiungo laggiù dall'Università, «possiamo avere uno sconto del cinquanta per cento, capisci?» Io lo guardo per traverso e dico «Sì, sì», ma intanto freno a stento la voglia di prenderlo a schiaffi: «Certo» continuo a pensare, «certo che è una splendida opportunità per te, stronzo». Dunque, ora posso anche tentare di ricostruire ciò che è accaduto: mentre io ero dall'altra parte

37

della città, Pierre ha impazzato in questo ufficio. Intanto, si sarà presentato come mio collaboratore. «Ma noi attendevamo solo una persona», avranno detto. «Oh, davvero? Che disdetta, ci sono problemi?» «Attenda, chiedo al direttore». Breve attesa, consultazioni convulse a bassa voce e infine viene fuori la soluzione del cinquanta per cento. Lo scenario non è difficile da interpretare: «Io ho l'autorizzazione del Ministero per un solo ospite» dice il direttore. «Poco male» risponde serafico Pierre, «faremo metà per uno». Oppure glielo hanno proposto loro e lui ha subito accettato senza neppure tentare di capirci qualcosa.

Be', è del tutto inutile far notare che questo viaggio era mio e che, per me, era anche un progetto di lavoro. Se proprio dovevo accollarmi un onere economico, allora avrei preferito arrivare al cento per cento e venire qui con chi volevo io. Ma poi il problema non è neppure questo perché io sono una persona molto tollerante e avrei anche lasciato correre se solo avessi trovato, da parte di Pierre, un atteggiamento diverso. Un'offerta minima, un segnale di disponibilità, almeno: «Guarda, io pago tutto perché non c'entro niente». «Ma no, per carità» gli avrei detto, «lascia stare, facciamo a metà». Almeno, mi sarei sentito generoso invece che coglione.

Niente, da fare, non puoi fidarti di nessuno. Lo lasci a se stesso per un paio d'ore e poi sono cazzi tuoi!

Comunque, il lodge di Kao Yai è davvero magnifico, suggestivo e romantico in mezzo a una grande radura. Ogni bungalow ha due stanze cosicché siamo stati sistemati due a due in due bungalow. Per la verità, avrei preferito avere Tum come vicina piuttosto che Pierre ma le cose stanno così e ormai non posso farci niente. L'unica possibilità che mi resta per starmene almeno un po' tranquillo è di aggirarmi per la radura al mattino presto, quando Pierre dorme ancora. Per fortuna dorme più di me. Non è molto, ma almeno questo lo fa. Del resto, io non dormo quasi per niente perché in dicembre, a questa quota, c'è un freddo cane e qui mancano anche le coperte.

Per la verità, trovo che le coperte manchino spesso un po' dappertutto. È una mia ossessione quando sono fuori casa e non mi ricordo di chiederne qualcuna alla *reception* prima che si dileguino tutti (nei piccoli alberghi che io frequento, capita spesso che il servizio di portineria si interrompa di notte). Ho passato notti infernali, avvolto nel cappotto, sotto un lenzuolo e una piccola coperta troppo leggera. Ne ricordo una terribile a Catania, proprio nella piazza della cattedrale. Uno scenario splendido ma un freddo insopportabile. A un certo punto, mi ero rivestito, ero uscito e avevo passato un bel po' di tempo a scattare foto notturne col treppiede nel centro della città. Comunque, sempre meglio così che dormire in un luogo caldo senza niente addosso e svegliarsi improvvisamente perchè senti un solletico sul petto: di colpo accendi la luce e ti accorgi che sei coperto di scarafaggi. Dio mio, che schifo! Ma nel sud-est asiatico succede anche questo: a Hong Kong, nei giorni scorsi, ogni volta che rientravo nella mia stanza di albergo per andare a dormire, assistevo a un gran fuggi-fuggi di blatte non appena accendevo la luce. Forse non sarebbe successo se avessi scelto un albergo migliore, però il mio amico Peter Sharp lo ha anche fatto, dato che si trovava qui con la famiglia, e sembra che non ne abbia tratto un gran beneficio: la moglie aveva un'aria distrutta e contava con ansia i giorni che li separavano dal momento della partenza.

E poi, nelle stanze di albergo dei paesi d'Oriente, non ci sono soltanto scarafaggi. Spesso capita anche qualcos'altro di molto più interessante. A Garhwal, in India, una volta mi capitò addirittura un grosso toporagno. Dividevo la stanza con un collega indiano e, in quel momento, entrambi stavamo riposando, distesi sui due letti ai lati opposti del locale. Ad un tratto, noto uno strano movimento sul pavimento e mi accorgo, con un certo orrore che c'è una sorta di topo che corre in lungo e in largo per la stanza. Il mio collega, però, mi avverte con un tono del tutto rassicurante: "Non preoccuparti, non è un topo ma un toporagno, un innocuo insettivoro che sa di muschio e che tiene anche lontani i ratti". Poco dopo consulto la guida dei mammiferi dell'India di S. H. Prater e ce lo trovo, regolarmente illustrato: è il toporagno muschiato grigio *(Suncus murinus)*, un parente prossimo del nostro minuscolo toporagno nano *Suncus etruscus*. Però, mentre la nostra bestiolina misura appena otto centimetri di lunghezza totale con la coda ed è il più piccolo mammifero europeo, il toporagno muschiato raggiunge persino i 23 centimetri. È un animaletto di aspetto piuttosto sottile e

40

allungato tanto da dare quasi l'impressione di una donnola in miniatura. Molto insolitamente per un toporagno, si spinge spesso all'interno delle abitazioni, in caccia di scarafaggi o di altri insetti. La Commissione indiana per gli animali nocivi lo considera benefico e raccomanda espressamente di non fargli del male. Una concezione ecologica della vita su cui molti avrebbero da discutere. Ma non è questa la sede, per fortuna.

A Kao Yai, non ho visto toporagni muschiati e credo che non ce ne siano ma, in compenso, ho visto altri mammiferi anche più interessanti: addirittura un gibbone che si muoveva nella foresta sospeso ai rami e inoltre un paio di grossi scoiattoli *Ratufa,* i cervi sambar, un muntjak e una viverra. A parte il gibbone e i *Ratufa* e a parte un maschio di cervo sambar che pareva addirittura semidomestico (era arrivato al recinto dell'Hotel camminando lentamente, seguito da un codazzo di giovani che lo toccavano e schiamazzavano), sono tutti animali notturni e, per vederli, siamo andati in giro di notte. Non a piedi, naturalmente, e non da soli ma sulla nostra Land Rover e con l'ausilio di una grossa torcia elettrica montata sull'auto, una sorta di faro, che veniva puntata nell'intrico della vegetazione. Un faro direzionale in un bosco in piena notte rappresenta un'esperienza indimenticabile per chi l'ha fatta: d'improvviso, il buio pesto si accende di diverse gradazioni di verde intenso e il vuoto si riempie con discrezione di animaletti prudenti e inaspettati che subito si congelano come in una fotografia a tre dimensioni. Ho già avuto alcune esperienze simili in Europa e Nordafrica e ho

41

sorpreso ricci, ghiri, civette, toporagni, rospi, salamandre pezzate, limacce, scorpioni. Qui, però, la posta è più grossa anche se la inconfessata speranza di trovare il leopardo o la tigre è andata delusa. L'incontro più frequente è rappresentato da dozzine di occhi rossi di timidi cervi sambar che vengono a pascolare presso i *bungalow* sapendo che qui è molto meno probabile essere sorpresi dai grossi predatori. Però, ho visto anche una viverra, una sorta di esile gatto leopardino, immobilizzata con la testa rivolta verso la sorgente di luce e la zampa alzata nell'atto di compiere un passo.

La notte è notte, ma anche il tramonto ha il suo fascino e le sue aspettative. È un tramonto rapido, anzi repentino come possono esserlo i passaggi giornalieri del sole ai tropici. Eravamo andati a trascorrerlo presso una torre di osservazione che domina un piccolo stagno. nella speranza di sorprendere almeno qualche erbivoro all'abbeverata. Invece, si sono ben guardati dal venire. Se è vero che questo luogo è frequentato anche dalla tigre, allora è evidente che quella del tramonto è anche l'ora sbagliata per venire qui a bere. Infatti, nessuno lo ha fatto, anche se noi eravamo ben celati in una camera di legno a sette-otto metri di altezza e anche se il silenzio era profondo, interrotto soltanto dal canto degli uccelli.

Ho riconosciuto il grosso e scuro *koel,* gli uccellini-foglia (*leafbirds*, in italiano *verdini*), il merlo shama, le tortore cinesi, ma soprattutto sono stato testimone di un coro incredibile, quello dei galli della giungla, antenati e strettissimi parenti dei galli dei pollai. Il primo "chicchirichì" si è sentito quando il sole era già calato. Veniva da lontano, nella foresta, e mi ha dato l'illusoria impressione che esistesse qualche casa nascosta, con la sua fauna domestica. Invece, era il segno del luogo di origine del Gallo dei Galli, del cuore della roccaforte della sua specie allo stato libero e selvatico.

Al primo "chicchirichì" ne è seguito un altro da un altro punto della foresta; poi un altro ancora e ancora molti, lontani, vicini, a destra, a sinistra, sulla collina, dietro lo stagno, ai piedi della torre e da altri punti ancora. La foresta risuonava di questi suoni familiari e domestici, come per ripetere che essi non sono stati inventati né mai sono stati resi esclusivi dalla nostra specie. Non c'erano aie né contadini pronti a balzare in piedi per affrontare una dura giornata di lavoro; non c'erano paesini, né orti, né altri segni di presenza umana. C'erano i galli, questo sì, non potevo vederli ma li immaginavo con le loro creste fiammeggianti, il loro piumaggio rossiccio, la loro voce che si imponeva a poco a poco con un senso del tutto diverso dal consueto, come un gorgheggio di shama o un tintinnante suono di koel.

Poi caddero le ombre. Ombre profonde del gufo baio e della tigre che ci invitarono a scendere a terra e ritornare rapidamente ai nostri quartieri.

7. Terra di tigri.

Il sentiero sembra interminabile e i miei compagni corrono agili e veloci. Il fiato non basta neppure a loro per parlare e il paesaggio scorre troppo rapidamente per consentire di contemplarlo. Che altro si potrebbe fare se non pensare ai giorni appena trascorsi in questo paese?

Abbiamo attraversato un grosso torrente e ora i nostri pantaloni, per non parlare di scarpe e calze, sono irrimediabilmente bagnati. Si va su e giù per colline boscose: tante colline ondulate come in Toscana, ma con la foresta vergine al posto dei castagneti.

Pochi giorni fa, arrivando in Tailandia, ho visto dall'aeroplano un paesaggio molto simile a questo, forse letteralmente identico. È lo stesso che appare nei tanti film che ho visto sulla guerra del Vietnam, forse girati proprio da queste parti. Non avrei mai sperato, nella mia vita, di potere ammirare qualcosa di tanto meraviglioso. Erano bassi rilievi verdi fino alle creste, separati da valli percorse da fiumi e invase da laghi stretti e ramificati. Alberi e acque dappertutto, su una estensione di territorio che pareva sterminata. Potrà anche sembrare banale ma, guardando dall'aria, ho pensato una sola cosa: "Ecco, guarda laggiù, sto osservando dal cielo una terra di tigri: laggiù ci sono, nascoste in qualche punto di quell'immenso intrico verde, nessuno può dubitarne". Ora ci sono proprio nel mezzo e me ne rendo perfettamente conto.

L'idea di partire alle dieci del mattino in cerca di tapiri non mi è sembrata poi un gran che. Non so quanto sia visibile un

44

tapiro, ma non credo molto di più di una tigre. Andarlo a cercare a piedi nel bel mezzo della giornata non mi sembra un'idea molto brillante. Del resto, senza bisogno di immaginare di essere in Indocina, potete anche limitarvi a pensare a che cosa fareste in Europa in una situazione analoga. Avete mai provato a uscire di casa dicendo: "Oggi voglio proprio andare in cerca di cinghiali." Be', a meno che voi non siate cacciatori e anche ben forniti di cani, se lo aveste fatto, avreste commesso un grave errore perché i cinghiali, quando li cercate, se ne restano ben nascosti mentre, quando meno ve lo aspettate, escono allo scoperto e possono anche spaventarvi a morte. Mi viene in mente un incontro di questo genere a Bosco Fontana, presso Mantova, nel freddissimo gennaio del 1985. Camminavo nella neve alta con due studentesse, una piccola e grassa, l'altra scura e magra quando, improvvisamente, da un grande cespuglio in cui si trovava accovacciato e tutto coperto di neve, a un paio di metri da me e a non più di un metro dalla studentessa piccola e grassa, esce un enorme maschio terrorizzato che si butta in avanti facendo cenno di attaccarci preventivamente. Io, allora, alzo lo stivale e lo minaccio col piede, mentre la studentessa piccola e grassa si getta indietro con un grido soffocato. A pensarci, quella bestiaccia nella neve sarebbe potuta sembrare benissimo un tapiro. Certo, Pierre non era con noi in quella occasione e ora non può capire niente di ciò che sta succedendo. Che orrore deve essere un tapiro alle strette che grufola di paura e ti minaccia cercando una via di scampo!

Per fortuna, quella volta, il cinghiale quella via l'ha trovata. Quando si è accorto che noi eravamo tutti dalla stessa parte, ha cambiato immediatamente strategia e si è ritirato rapidamente verso quella opposta. Era il cinghiale più vicino che io avessi mai incontrato nel corso della mia esistenza. E anche il cinghiale più gelido: il tutto è successo a meno diciotto gradi centigradi, in una giornata in cui le automobili si fermavano per il troppo freddo. Comunque, mi è successo una volta sola in quarant'anni di vita dedicata allo studio della fauna. Cinghiale e automobile bloccata. E allora, come potrei pretendere di incontrare un tapiro proprio oggi?

Miss Pilai è arrivata puntualissima a Kao-Yai domenica mattina. Me la sono trovata improvvisamente alla mia sinistra mentre camminavo sulla strada asfaltata, dominante dall'alto del posto di guida di un furgoncino con i suoi occhialini rotondi da guru orientale. Con lei c'era il collaboratore giapponese che non so come si chiamasse. Improvvisamente, mi sono reso conto di non avere pensato affatto al problema della spedizione nella foresta.

«Buongiorno» ha detto affacciandosi al finestrino del furgone, «tutto bene?» «Si, grazie» ho risposto io con un inchino, porgendole la mano, «spero anche voi». «Tutto a posto» ha risposto lei, «pensiamo di addentrarci verso la zona dei buceri entro un'ora. Venite anche voi?»

Posto in modo tanto perentorio di fronte alle mie responsabilità, sono stato costretto ad ammettere la mia impreparazione: «Ho paura di no. Sa... non siamo organizzati... Mi spiace molto, ma è così». «D'accordo. Spiace anche a noi, ma se non siete attrezzati, è meglio così. Prevediamo di rimanere nella foresta almeno per tre giorni». Sono dispiaciuto e mortificato.

«Vorrei accompagnarvi almeno fino all'inizio del sentiero».

«Nessun problema. Salite con noi: andiamo poco lontano».

«Bene, grazie».

Così abbiamo perso l'occasione, soltanto l'altro ieri. Se fossimo andati a cercare buceri, ora saremmo ancora laggiù, con loro. Credo che avremmo visto qualcosa di straordinario anche se magari avremmo dovuto vivere in modo molto spartano. Invece ho detto no, che non potevo e l'ho fatto anche per non disturbare i piani di Pierre che considerava conclusa la visita a Kao-Yai e voleva a tutti i costi venire qui a Klong-Nakah. Non so perché, ma l'ho fatto. Mi dà fastidio avere alle costole qualcuno che non è soddisfatto e continua a mugugnare. Risultato: ora siamo nella stessa situazione che si pretendeva di evitare a Kao-Yai, alla mercé della giungla, ma invece della guardia del corpo con la mitraglietta, abbiamo con noi soltanto il forestale Wisit Archomphu con un amico, una piccola pistola e un cane. E invece di andare in cerca di uno stormo di magnifici e prevedibili buceri che vanno a dormire ogni sera nello stesso posto, siamo in affannosa caccia di grufolanti tapiri che a me non interessano punto e che comunque, quanto a reperibilità, debbono essere ancora peggio dei nostri imprevedibili cinghiali.

8. *Panthera tigris*.

Quando io dico *Panthera tigris* definisco una particolare categoria della famiglia *Felidae* discriminandola da *Panthera leo* o da *Panthera pardus* in un modo formalmente analogo a quello con cui discrimino *Anthracoceros malayanus* da *Anthracoceros albirostris* ovvero da *Anthracoceros convexus* della famiglia *Bucerotidae*. In realtà, io non so con esattezza a quanto tempo fa risale la prima comparsa di una *Panthera* ancestrale antenata comune delle tre categorie *P. tigris, P. leo* e *P. pardus* e quindi non posso neppure dire alcunché di preciso sul suo valore sintetico rispetto a quello di un analogo *Anthracoceros* ancestrale che, con ogni probabilità, non comparve simultaneamente. Però, nonostante tutte queste distinzioni e nonostante le chiare somiglianze fisiche tra i tre *Anthracoceros* da un lato e le tre *Panthera* dall'altro, io debbo ammettere di trovarmi comunque di fronte a sei unità discrete che, dal punto di vista pratico, sono tutte ben distinguibili tra loro, cioè sei **specie** distinte. In che modo posso effettuare questa distinzione? Che cosa intendo quando parlo di specie?

A prima vista, il concetto di specie sembra molto chiaro: non vi è chi non veda la differenza tra un uomo e un cane oppure tra un'aragosta e un dentice; tuttavia, non basta essere in grado di distinguere quasi sempre due buone specie, ma bisognerebbe poterlo fare *sempre*, senza ambiguità di sorta.

Leggete i vecchi libri di testo di biologia per il primo anno di corso. Ebbene, vi troverete spesso affermazioni difficili da condividere. Per esempio: "la specie è l'insieme di individui simili tra loro che, incrociandosi, danno discendenti fecondi". Ecco due luoghi comuni entrambi falsi: è falso che una specie sia sempre costituita da individui simili tra loro ed è anche falso che il criterio della prole feconda possa sempre avere un reale significato operativo per la definizione di specie. Infatti, se così fosse, dovrebbe essere anche vero che incrociando due specie diverse, si abbia *sempre* una prole sterile. E invece non lo è affatto.

Per esempio, per ottenere i canarini rossi, fu effettuata una operazione di ingegneria genetica *ante litteram*: vennero trasferiti i geni della colorazione rossa da un uccellino rosso e nero del Sudamerica, il cardinalino del Venezuela, ai canarini domestici. Ora, questa operazione non sarebbe stata possibile - e i canarini rossi non esisterebbero affatto - se la prole nata dal canarino e da quell'uccellino rosso e nero non fosse stata feconda. Prole feconda da due specie diverse che sono addirittura classificate in due generi separati tra loro! Li hanno chiamati *Carduelis cucullatus* e *Serinus canarius* e tanta grazia che li hanno classificati entrambi tra i Fringillidi. Proprio un bel risultato per chi sostiene che, quello di specie, è un concetto oggettivo.

In realtà, il cosiddetto isolamento riproduttivo delle specie è un vero e proprio colabrodo ideologico. O meglio, in natura l'isolamento c'è ma, in generale, non è dovuto a una intrinseca impossibilità di due diverse popolazioni di incrociarsi e di produrre prole feconda, ma a motivi perlopiù contingenti, ecologici e addirittura culturali: isolamento geografico, abitudini diverse, scarsa possibilità di comunicazione tra due diverse specie che frequentano ambienti diversi, scarsa attrazione sessuale tra due specie diverse e via dicendo.

È quasi incredibile, ripensavo ora, la discrepanza tra pensiero e pratica di ogni giorno. Riflettendo, si deve riconoscere che il concetto teorico di specie è alquanto vago ma che questo, in realtà, non importa assolutamente nulla nella vita quotidiana. Ogni giorno, a dispetto dei concetti teorici, possiamo compilare accurate liste commentate di osservazioni riferite appunto a specie diverse perfettamente definite. C'è una differenza fondamentale tra la specie come concetto operativo dinamico fissato nello spazio e nel tempo ovvero come categoria pura di pensiero, al di fuori di queste variabili. Mi era perfettamente possibile gettare uno sguardo compiaciuto sulle mie liste faunistiche di Kao-Yai e mi era anche possibile di credere che un bucero è un bucero e una tigre è una tigre e basta. È ovvio che i buceri da un lato e le tigri dall'altro formino popolazioni diverse e ben distinte, ma come è possibile che rimangano tanto nettamente separate anche popolazioni relativamente simili tra loro come quelle delle diverse specie di buceri o di felini?

Ebbene, la chiave dell'intera questione sta nel concetto di **competizione**: tutti gli organismi viventi, nessuno

50

escluso, sono in perpetua lotta tra di loro per potersi accaparrare le risorse vitali. Cibo, tane, nascondigli, acqua, luce, sali minerali e ogni altra risorsa concepibile, che sia disponibile in quantità inferiori alla richiesta, tutto questo potrà essere ottenuto soltanto da qualcuno e non da altri. Saranno i più forti, i più furbi, i più veloci, i più previdenti, i più crudeli, i più organizzati, i più silenziosi o comunque i più efficienti in qualche particolare specialità. Una specie altro non è se non l'espressione fisica del predominio in un determinato campo di attività utile a ottenere le risorse vitali. Così come il rastrello, la vanga, l'aratro, la falce, la zappa e la spada rappresentano oggetti fisici destinati a rastrellare, vangare, arare, falciare, zappare, trafiggere, così una tigre, un grande calao o un tapiro dalla gualdrappa rappresentano tre organismi che hanno imboccato tre strade molto diverse per ottenere le risorse di cui hanno bisogno per vivere. Ognuna di esse se le procurerà per mezzo di una certa strategia diversa da quella degli altri.

All'interno di ogni popolazione, gli individui che riusciranno a lasciare una prole più numerosa saranno quelli dotati delle caratteristiche meglio rispondenti alle particolari esigenze che risultano vincenti in un determinato contesto: le tigri dotate di olfatto più fine e di artigli più robusti, i calao dal becco più grosso, i tapiri più prudenti; in questo modo, la selezione all'interno di ciascuna specie favorirà un continuo mantenimento e miglioramento delle caratteristiche salienti delle varie specializzazioni. Perciò, all'interno di ogni specie, la selezione è durissima: in una sola stagione riproduttiva, una coppia di comuni fringuelli può facilmente effettuare due covate, ciascuna con un involo di tre piccoli. Sono sei giovani che, sommati ai due genitori, fanno otto fringuelli: se una tale natalità si ripete sull'intera popolazione, si può avere un aumento demografico del 300 per cento (da 2 a 8) nel breve periodo che va da marzo ad agosto. Salvo casi particolari, però, le risorse non possono aumentare in una misura tanto grande e perciò non esiste alcuna speranza che tutti questi nuovi nati possano sopravvivere a lungo: i tre quarti di essi sono destinati a morire nel breve periodo del primo anno di vita e solo i pochi vincitori di un'ardua competizione riusciranno a vedere la primavera successiva e a riprodursi a loro volta.

Questa immensa, impressionante ecatombe annuale mantiene le diverse popolazioni al livello più alto possibile delle loro peculiari prestazioni. Ogni anno, sopravvivono soltanto i vincitori di una dura competizione che richiede di fare strettamente il proprio mestiere e di farlo il meglio possibile. Ci saranno i mangiatori di frutta, di semi, di insetti, di lombrichi e ci saranno gli abitanti delle foreste, delle paludi, delle campagne e ancora ci saranno i volatori, i camminatori, gli scavatori, gli arboricoli, i terricoli, gli acquatici e via dicendo. L'insieme di tutte le abilità di una specie definisce una **nicchia ecologica.** Ogni specie in una data area geografica occupa una nicchia diversa da tutte le altre: per definizione, due specie diverse che vivono nella stessa area non possono occupare la stessa nicchia. Se il caso dovesse portare due quasi-specie a un evento di questo genere vi sarebbero soltanto tre possibilità: o esse si fondono in una sola, o una delle due soccombe e si estingue o ancora una delle due modifica la propria nicchia per riuscire a convivere con l'altra. Ecco perchè i felini della foresta non sono soltanto tigri, ma anche leopardi e gatti selvatici, ecco perchè i buceri non sono soltanto grandi calao ma anche buceri bianchi e neri orientali e buceri testabianca coronati. In questo modo, le risorse della foresta possono essere sfruttate in modo più completo e più razionale e possono sostentare un numero molto più elevato di organismi. Se, sul nostro pianeta, tutte le specie viventi occupassero un'unica nicchia ecologica, esse sarebbero una sola specie per niente specializzata: tutta la vita potrebbe forse consistere in un velo di alghe informi galleggiante sulle acque e incrostante le zone umide. Non vi sarebbero interessi diversi, ma soltanto tanti individui identici che cercherebbero di accaparrarsi le stesse risorse per mezzo di una competizione durissima. Fortunatamente, non è così: la varietà e la bellezza delle forme viventi, la ricchezza di specie sul nostro pianeta stanno invece a testimoniare l'esistenza di interessi diversi e anche di interessi divergenti.

9. Nicchia e specie.

La specie è dunque un'espressione unica, un prodotto spazio-temporale di una particolare circostanza, lunga o breve, circoscritta o diffusa, comune o rara, che consente ed esige di adottare un certo stile di vita per sfruttare quanto meglio possibile le risorse disponibili in un certo ambito, sfuggire ai predatori locali, utilizzare nel modo migliore le proprie potenzialità anatomiche e fisiologiche. Quando, in natura, si determina la comparsa di uno spazio a n dimensioni, idoneo per l'esistenza di una determinata popolazione, cioè una **nicchia**, si può constatare che si tratta di uno spazio non soltanto qualitativo ma anche quantitativo: una volta che si siano individuate tutte le caratteristiche di una tigre, taglia, peso, necessità alimentari, abitudini riproduttive, esigenze ambientali eccetera, allora dovrebbe anche essere possibile prevedere quante tigri possano esistere in quello spazio e anche in totale sul nostro pianeta. Ogni tigre in più - a meno che non si tratti di tigri alloggiate e nutrite nell'ambiente artificiale di uno zoo - semplicemente non potrà esistere: infatti, una tale esistenza non rientra nei limiti del possibile; giorno dopo giorno, il gioco della competizione intraspecifica in un determinato contesto ambientale deciderà quali individui delle tigri in più debbano scomparire e quali, eventualmente, debbano rassegnarsi ad essere a poco a poco ricacciate al di fuori della tigrinità per poter sopravvivere. Tutto scorre, diceva già Eraclito. Anche il concetto di tigre non è né fisso né rigido: vi potranno essere grandi tigri delle foreste di conifere, tigri medie delle foreste tropicali, piccole tigri di isole tropicali coperte di foresta pluviale e, in un domani più o meno prossimo, forse anche tigri di nuovi

54

ambienti creati e controllati dall'uomo. Nel frattempo, tutte le tigri che non riescono a vincere la dura gara tigrina, che non riescono a prevalere né adottando la strategia dello scontro frontale né quella del ripiegamento in un genere di vita un po' diverso ma pur sempre tigrino, non volendo rientrare nella quota dei perdenti che scompaiono, possono soltanto tentare la strada dell'abbandono della loro identità tigrina, di un viaggio senza ritorno verso una nuova e diversa felinità, o addirittura verso una nuova animalità non più felina. Fu così che, nel passato, comparvero i leopardi, i gatti della giungla, le linci, i leoni e i ghepardi, fu così che la Terra si popolò di tante specie diverse nelle diverse ere geologiche.

Quando noi pensiamo alla vita degli animali selvatici, alle sue asprezze e difficoltà, siamo portati a valutare che il maggiore pericolo che essi corrono sia costituito dalla predazione: oggi, infatti, percorrendo una foresta asiatica come un cervo sambar, il mio pensiero è che la maggiore minaccia incombente su di me derivi dalla presenza della tigre.

In realtà, questa impressione è falsa. Se oggi, la tigre costituisce effettivamente una minaccia per un uomo che si muove a piedi in una foresta tropicale asiatica, ciò è dovuto soltanto alla inesperienza e alla goffaggine delle nostre popolazioni "civilizzate". Noi non siamo addestrati a vivere in questo tipo di ambiente. Se fossimo cervi sambar invece che uomini, saremmo anche capaci di sfuggire normalmente ai predatori, salvo incidenti, così come siamo in grado, nel nostro ambiente, di sfuggire agli autobus e ai tram quando attraversiamo la strada in una città salvo, appunto, incidenti.

Il prezzo della predazione è, in generale, molto più basso di quello della competizione. Gli indios dell'Amazzonia, a ben pensarci, hanno convissuto per migliaia di anni con giaguari, caimani, anaconda e altre micidiali belve, ma soltanto l'arrivo dei portoghesi segnò il momento del loro sventurato declino. Così è per ogni specie vivente: la predazione può suscitare orrore e raccapriccio, ma assai spesso dà luogo a un prelievo perfettamente sostenibile, la competizione può persino apparire stimolante, ma in effetti uccide senza pietà. La predazione apre vuoti modesti che, in genere, non sono sufficienti per limitare seriamente la consistenza numerica delle popolazioni; la competizione può fare molto di più, sacrificando ogni anno anche i due terzi degli effettivi di una popolazione, colpendo di preferenza i deboli, gli inesperti e i soggetti ad alto rischio, femmine, giovani, vecchi, individui feriti, mutilati o, per qualsiasi motivo, indeboliti.

La competizione è dunque uno dei principali meccanismi alla base della selezione naturale nonché della formazione di nuove specie, quella che i biologi chiamano *speciazione*. Non è l'unico, ma è uno dei principali. La selezione può anche essere operata in modo improvviso, da eventi disastrosi che colpiscono soprattutto gli individui di certe categorie. Uno dei casi più citati è quello delle talpe: ve ne sono di taglia alquanto variabile, anche nell'ambito della stessa popolazione e, in condizioni normali, la caratteristica non ha molta importanza per la sopravvivenza.

Quando, però, sopravviene un inverno particolarmente freddo, le talpe di taglia maggiore riescono a fronteggiare il pericolo di congelamento molto meglio di quelle di taglia minore e, di conseguenza, sopravvivono molto di più. Perciò, alla fine di una tale stagione fredda, andando a misurare la taglia media delle talpe sopravvissute, si trova che è aumentata. Un fenomeno analogo è stato riscontrato sull'isoletta Daphne Major dell'arcipelago delle Galapagos dai ricercatori canadesi Peter Boag e Peter Grant nel caso del fringuello di Darwin *Geospiza fortis*. Dal 1975 al 1978, Boag e Grant seguirono tutte le vicende individuali di circa 1500 fringuelli di Darwin e ne misurarono regolarmente alcuni caratteri esterni tra cui la lunghezza del becco. Nel 1977, su Daphne Major, caddero soltanto 24 millimetri di pioggia e la vegetazione dell'isoletta ne risentì in modo drastico. La diminuzione della disponibilità di semi fu tale che i fringuelli non nidificarono del tutto e, alla fine dell'anno, la loro popolazione era diminuita dell'85 per cento. Boag e Grant si resero conto ben presto che la mortalità aveva colpito in misura assai maggiore i giovani e le femmine: su 388 piccoli inanellati nel nido nel 1976, all'inizio del 1978 ne era rimasto soltanto uno; nello stesso periodo, inoltre, il rapporto tra maschi e femmine era passato da 1:1 circa fino a 6:1 e le caratteristiche medie della popolazione superstite erano decisamente cambiate: i fringuelli sopravvissuti alla siccità

57

avevano tarsi più lunghi e becchi decisamente più corti e più robusti della media di due anni prima.

Che cosa era avvenuto? Durante il lungo periodo di crisi alimentare, i fringuelli di Daphne Major erano stati costretti a nutrirsi di alimenti insoliti e difficili. I più robusti erano riusciti a sgusciare i grossi semi della Zigofillacea *Tribulus cistoides*, ma gli altri si erano dovuti accontentare dei piccoli semi di *Chamaesyce*, una Euforbiacea che, come tutti i rappresentanti della sua famiglia, è impregnata di un lattice fortemente irritante. Molti di questi fringuelli erano morti e i loro corpi erano stati trovati col piumaggio deteriorato e impastato e talora con la testa completamente denudata. Tra le vittime di questa sorta di avvelenamento erano stati particolarmente numerosi le femmine e i giovani, in media meno massicci dei maschi adulti.

La drammatica e repentina selezione naturale osservata da Boag e Grant ha certamente mutato il corso della storia dei fringuelli di Darwin di Daphne Major: infatti, le variazioni riscontrate riguardano caratteri ereditabili ed è stato chiaramente dimostrato che i becchi e le zampe della popolazione posteriore al 1977 sono rimasti decisamente più massicci delle stesse parti anatomiche della popolazione vissuta in epoca anteriore.

Del resto, tra i molti milioni di specie di animali e di piante oggi viventi, i casi in atto di formazione di nuove specie sono talmente numerosi che i naturalisti non sono mai riusciti a mettersi d'accordo per decidere quali popolazioni debbano essere considerate come vere e proprie specie distinte dalle altre e quali, invece, debbano essere considerate semplicemente razze geografiche o "sottospecie". Nella sola classe degli Uccelli, le differenze di valutazione personale dei diversi specialisti si riflettono nell'oscillazione del numero di specie conosciute da un minimo di 8800 nel caso di autori cosiddetti *clumpers* (cioè, fautori dell'unificazione) fino a un massimo di oltre diecimila in quello di autori splitters (fautori della suddivisione).

Uno dei casi più noti di casa nostra riguarda le cornacchie nere e grigie, oggi generalmente considerate come varietà di un'unica specie che sarebbe rappresentata - nella sua intera zona di distribuzione che si estende in Eurasia e Nordafrica - da almeno sette diverse sottospecie, alcune interamente nere, altre nere e grigie. Le due sottospecie europee vengono indicate rispettivamente con i nomi di cornacchia nera *(Corvus corone corone)* e cornacchia grigia *(Corvus corone cornix)*. Esse si assomigliano molto nella forma e nella voce, ma hanno colori ben diversi: completamente nera la prima, nera sulle ali, la coda, la testa e il petto e grigia sul dorso e il ventre la seconda. Le due cornacchie occupano areali generalmente ben distinti: Europa occidentale e Inghilterra la cornacchia nera, Europa orientale, Scozia e Irlanda quella grigia. In alcune zone di contatto formano stormi misti e occasionalmente si ibridano ma, in generale, sono abbastanza ben separate e persino ostili le une alle altre. In Italia settentrionale la cornacchia grigia è la forma di gran lunga dominante in pianura ma diviene rara al di sopra dei 1000 metri fino a scomparire del tutto verso i 1300-1400 metri. La nera, invece, fa la sua apparizione al di sopra dei 700-800 metri e diviene sempre più   frequente alle quote più elevate.

Le aree di distribuzione delle cornacchie nere e grigie vengono a contatto nella cosiddetta zona di ibridazione alpina e centro-europea che corre in corrispondenza della fascia pedemontana dell'arco alpino e da qui prosegue verso nord fino alla penisola dello Jutland. Secondo lo studioso dell'evoluzione Ernst Mayr, la zona di ibridazione alpina delle cornacchie si sarebbe originata in seguito ai fenomeni di glaciazione del Quaternario: con l'espansione dei ghiacciai e la conseguente formazione di vaste zone di steppa e di deserto freddo anche nelle zone centroeuropee rimaste libere dal ghiaccio, le cornacchie dovettero ritirarsi verso sud andando a formare due popolazioni ben distinte rispettivamente in Europa sud-orientale e sud-occidentale. Queste ultime, alla fine della glaciazione, tornarono a espandersi fino a rientrare in contatto dopo un periodo di isolamento sufficiente per garantire un certo grado di differenziazione genetica, ma non la formazione di due "buone" specie. Lo scenario delineato da Mayr è molto verosimile, anche perché un fenomeno analogo di ibridazione di razze diverse nella stessa zona può essere osservato anche nel caso di animali appartenenti ad altre ben note specie che, molto probabilmente, hanno subito vicissitudini analoghe: riccio (*Erinaceus europaeus* ed *Erinaceus romanicus*), topolino delle case (*Mus musculus* e

60

Mus domesticus) e biscia d'acqua (*Natrix natrix* e *Natrix persa*).

Recenti lavori di ricerca hanno comunque dimostrato che il processo di formazione di due specie distinte, nel caso delle cornacchie, è ormai molto avanzato: infatti, anche all'interno della fascia di ibridazione, le cornacchie nere tendono ad appaiarsi preferenzialmente con altre cornacchie nere e le grigie con altre grigie: le coppie miste sono meno frequenti di quanto ci si potrebbe attendere sulla base di una scelta dei partner completamente casuale, cioè senza nessuna discriminazione basata sul colore delle penne. Gli individui riconoscibili come ibridi dal loro aspetto esterno hanno un numero di figli che, stranamente, è diverso per i due sessi: per motivi ignoti le femmine ibride riescono a riprodursi molto meno dei maschi ibridi.

All'interno della fascia di ibridazione, le cornacchie nere e le grigie tendono a mantenersi separate anche cercando il cibo in ambienti nettamente diversi mentre gli ibridi appaiono meno selettivi. Coerentemente con questa osservazione, la composizione degli stormi nella fascia di ibridazione non è casuale e i gruppi composti da una sola sottospecie prevalgono su quelli misti; infine, negli stormi misti, si osserva anche un'aggressività "asimmetrica" con dominanza delle cornacchie nere sia sulle grigie sia sugli ibridi.

Il quadro offerto da tutte queste ricerche è quello di due forme che si assomigliano e si mescolano ancora troppo per essere considerate come specie ben distinte ma che, per contro, differiscono e si distinguono tra loro molto di più di quanto ci si possa attendere da due sottospecie nel senso tradizionale che viene attribuito a questa parola. Forse, in questi casi, converrebbe utilizzare il termine di **semispecie**.

10. Daily checklist.

Passata la pianura, la Land Rover aveva incominciato a inerpicarsi su una serie di alture ondulate e rocciose. Il paesaggio era aperto come prima, ma ora mancavano le palme, non c'era più traccia di acque e il colore dominante del terreno non era più verde ma piuttosto giallo-rosso. Ogni tanto, compariva in vista un cocuzzolo roccioso che, sulla cima, conservava pochi metri quadrati ricoperti da alberi. Questo paesaggio era evidentemente molto più aspro, più secco e più dimesso di quello che avevamo appena attraversato e, a differenza di esso, mostrava tristemente le ultime tracce delle foreste che un tempo lo avevano ricoperto. E tuttavia, a far dimenticare il taglio degli alberi, non c'erano filari di palme, non piantagioni di riso o di canna da zucchero e neppure acqua in canali né in pozze né in ruscelli: l'effetto della deforestazione era là, dinanzi a noi, senza che nessuno potesse dissimularlo con il rigoglio delle piantagioni.

Mi guardavo intorno e mi accorgevo che la pendenza aumentava e la strada si faceva sempre più tortuosa. Poi, in lontananza, avvistai un posto di blocco con una sbarra alzata e vidi che le colline al di là di esso si ricoprivano di enormi macchie verdi.

«Kao-Yai» disse Tum che si era voltata verso di noi con occhi ridenti.

La prima, gradita sorpresa per chi entra nel parco è rappresentata dai gruppetti di uccelli che attraversano la strada oppure che si lasciano osservare sulle radure in corrispondenza degli insediamenti forestali. Su di essi ho scritto alcune brevi note che ora mi sembrano utili per illustrare la varietà e la ricchezza di adattamenti delle specie esistenti sul nostro pianeta. Si noti che qui mi limito a presentare un elenco (direbbe pomposamente un ornitologo a scrivere una *daily checklist*) di alcuni rappresentanti di un solo gruppo sistematico (gli uccelli) osservati in un solo giorno da due sole persone (che non guardavano neppure troppo attentamente) in una piccola area geografica dell'Asia tropicale (una strada lungo la foresta di Kao Yai). Si può vagamente immaginare la ricchezza e la varietà di tutti i gruppi di organismi viventi in Indocina o sull'intero pianeta?

Butorides striatus (Airone dorsoverde) Un ponte sospeso su un fiume è un ottimo osservatorio per accertare la presenza di uccelli acquatici di abitudini schive. Di solito, quando sono in patria, ci osservo le gallinelle d'acqua su una lanca in un delizioso angolo del Ticino; oggi, invece, ho avuto il privilegio di localizzare un esemplare immobile di questo piccolo airone. Ha un'area di distribuzione vastissima e ricordo, infatti, di averne osservato un altro esemplare alle paludi di Bombay Hook, nel Delaware (USA). Somiglia a una sgarza ciuffetto e credo che anche come modo di vita non ne differisca molto.

Accipiter badius (Shikra). Un piccolo sparviero di foresta abbastanza comune in Asia tropicale. Ne ho visto un individuo nel mio giro mattutino presso i bungalows, sulla cima di un grande albero dalle foglie larghe come fazzoletti. Ha un aspetto fiero e un disegno barrato e, a quanto pare, è un magnifico acrobata capace di inseguire le sue potenziali prede zigzagando qua e là tra i rami della foresta.

Gallus gallus (Gallo bankiva). Ho raccontato di questi galli selvatici e dei loro canti nella foresta di Kao Yai. Per quanto mi è dato sapere, non si avvicinano molto agli insediamenti e noi li abbiamo uditi soltanto all'imbrunire, in piena foresta. I polli domestici tailandesi assomigliano ancora molto a questi magnifici uccelli.

Gallinula chloropus (Gallinella d'acqua). È la stessa specie che c'è da noi. Ne abbiamo osservato una decina di individui sullo stagno antistante l'osservatorio di legno dove ci eravamo appostati per la tigre e dove abbiamo sentito i galli. Naturalmente, non è una vera gallina ma un piccolo rallo di acque calme e paludose.

Streptopelia chinensis (Tortora della Cina). Le tortore della Cina abbondano dappertutto e si fanno sentire molto, soprattutto al tramonto. Ho fotografato un maschio che aveva raggiunto una femmina sulla cima di un grande albero morto e si era dato molto da fare tubando e inchinandosi. Lei, però, non si è lasciata intenerire e se n'è volata via, senza troppi complimenti. Lui, deluso, è rimasto interdetto per qualche istante prima di decidere di allontanarsi a sua volta.

Cacomantis merulinus (Cuculo lamentoso). Un bel cuculo che, nel piumaggio da adulto, si presenta senza barrature, con testa e petto grigiastri e ventre color ruggine. Uno si è posato a brevissima distanza da noi, mentre eravamo nascosti in cima all'osservatorio, immersi praticamente nella chioma di un enorme albero. Così abbiamo potuto provare una sensazione simile a quella di un gruppo di uccelli infrascati che vedono arrivare un compagno che va a ritirarsi nella stessa chioma da essi occupata.

Surniculus lugubris (Cuculo drongo). L'aspetto esteriore dei cuculi è spesso simile a quello di uccelli predatori: il cuculo europeo assomiglia a uno sparviero e qualche naturalista ha ipotizzato che la cosa gli serva per atterrire - e quindi allontanare dal nido - le specie di cui è parassita. È un fatto singolare, quindi, che questo piccolo cuculo tropicale assomigli in modo notevolissimo a un drongo nero, uccello che, pur essendo un passeriforme, può essere certamente considerato come un piccolo ma efficiente predatore, agile come un pigliamosche, feroce come un'averla.

Centropus sinensis (Cuculo fagiano della Cina). Un individuo ci ha attraversato la strada in volo poco dopo la barriera di ingresso. È un uccello di dimensioni alquanto maggiori di quelle che io immaginavo (più vicino a una cornacchia che a una ghiandaia), molto elegante nel suo abito di fondo nero con ali e dorso castani. Direi quasi che ha qualcosa della gazza, con la sua lunga coda, il becco robusto da corvo e il netto bicromatismo (nero a castano invece che nero e bianco). Però, tende a essere più terricolo, appunto come un fagiano, e a muoversi a grandi balzi plananti, lasciandomi quasi immaginare un *Archaeopterix*, l'antico uccello dentato del Giurassico.

Phaenicophaeus tristis (Malcoha beccoverde). Un altro cuculo, stavolta però strettamente arboricolo e con coda ancora più lunga (due terzi della lunghezza totale) e nettamente graduata (cioè, con timoniere sempre più lunghe dai bordi verso il centro, con un effetto a ventaglio cuneato a coda aperta). Ne abbiamo incontrato uno nei pressi dell'*Headquarter* del Parco e ci siamo accorti di lui perchè sembrava uno scoiattolo mentre correva su un ramo orizzontale tenendo la testa bassa e la coda ben chiusa e perfettamente parallela al suo posatoio. Deve essere un uccello che vola poco e che non si lascia quasi mai cogliere allo scoperto.

Otus bakkamoena (Assiolo indiano). Questo piccolo e delizioso rapace notturno si è fatto sentire nottetempo. A quanto pare, è molto comune.

Alcedo atthis (Martin pescatore comune). Se ne è visto uno intorno alla polla d'acqua del parco dei *lodges*. È la stessa specie che vive da noi.

Halcyon smirnensis (Martin pescatore di Smirne). Molto più grosso del precedente, con dorso azzurro, petto marrone e ventre bianco, frequenta le pozze e le rive, ma caccia anche sul terreno. Qualche anno fa, nell'India del nord, ne vidi uno lanciarsi da un posatoio su un pezzetto di legno che, evidentemente, gli era sembrato qualcosa di diverso, sbatterlo a terra ripetutamente per "ucciderlo" e infine mollarlo e volarsene via, evidentemente deluso dal suo errore.

Nyctyornis athertoni (Gruccione barbablu). Ecco un uccello decisamente singolare, molto più grosso e meno aereo di un comune gruccione, quasi interamente verde intenso, con una gola coperta da lunghe piume azzurre che tendono a ricadere sul petto formando una sorta di barba. L'ho localizzato per il suo strano richiamo aspro che proveniva da un cespuglio. Dopo qualche minuto di attesa, l'ho visto uscire allo scoperto camminando sul terreno. Emettendo il richiamo, gonfiava la gola blu in modo caratteristico. Disturbato dal sottoscritto che tentava di fotografarlo, non ha spiccato il volo come avrebbe fatto qualunque *Merops* ma è ritornato nel folto muovendosi sulle sue zampe.

Merops leschenaulti (Gruccione di Leschenault). Ne ho visto diversi individui presso gli *Headquarters*. La famiglia dei gruccioni (Meropidi) appartiene allo stesso ordine di quella dei Bucerotidi (Coraciiformi) e, i suoi appartenenti, anche se hanno un aspetto molto diverso, sono anch'essi dotati di un grande becco arcuato. Sono tutti uccelli molto colorati, africani o asiatici (una sola specie è anche europea), nidificanti perlopiù in colonie in lunghe tane da essi stessi scavate in argini di terra o sabbia compatta. Hanno un'abitudine molto insolita, cioè sono in grado di nutrirsi disinvoltamente di api e vespe, ragione per cui, in lingua inglese, sono chiamati *bee-eaters*. Delle 24 specie esistenti, 6 si trovano in Tailandia. Abbiamo anche osservato un esemplare di *leschenaulti* nei pressi della cascata di Heo Suwat.

Merops superciliosus (Gruccione di Persia). Un altro tipico gruccione "aereo" di piccola taglia che si può spesso osservare mentre compie le sue eleganti evoluzioni fermandosi poi a riposare sui fili delle recinzioni o del telegrafo. Ne abbiamo osservato due individui su un albero isolato molto grande ai margini tra savana e foresta.

Coracias benghalensis (Ghiandaia marina indiana). Le ghiandaie marine sono uccelli talmente belli da apparire come il parto della fantasia troppo sbrigliata di un pittore ornitofilo. Sono grosse come taccole, di colore azzurro, lilla o castano e con un grosso becco simile a quello di un corvide. Se ne stanno in agguato su pali, fili e altri posatoi alti in zone aperte e si gettano a picco sulle prede, costituite da grossi insetti e piccoli vertebrati. Delle otto specie attualmente viventi, una sola raggiunge l'Europa (ma si trova anche in Asia e Africa), cinque sono esclusivamente africane e due esclusivamente asiatiche. Tra queste, *Coracias benghalensis* è la più diffusa. Ha testa azzurra, dorso castano e petto lilla e, nel complesso, presenta colori meno smaglianti della specie europea. Ne ho osservato diversi individui sui fili della luce del parco dei nostri *lodge*.

Bucerus bicornis (Calao maggiore). Non avrei mai creduto di vederlo tanto presto e in modo tanto spettacolare: uno si è mostrato in volo alto sulla foresta poco dopo che siamo entrati nel Parco; altri due sono comparsi in uno squarcio azzurro di cielo sopra la chioma, mentre mi aggiravo da solo attorno agli *Headquarters* di prima mattina. Il richiamo è forte e potente e a me ricorda vagamente quello del corvo imperiale.

Anthracoceros albirostris (Bucero bianco e nero orientale). Una coppia è stata osservata da Pierre (e poi mostrata anche a me) da un ponte sulla strada, non lontano dal campo da golf.

Rhyticeros undulatus (Bucero testabianca coronato). È stato visto almeno tre volte da Pierre in volo alto e lento.

Meygliptes jugularis (Picchio nero e fulvo). I picchi sono una costante di tutte le foreste del mondo, escluse soltanto quelle dell'Australia, Nuova Guinea e Nuova Zelanda. La specie osservata da Pierre a Kao-Yai è di piccola taglia (lunghezza totale di circa 18 cm) e ha un ciuffo ben marcato sulla nuca.

Hirundo daurica (Rondine rossiccia). Un uccello essenzialmente asiatico ed europeo-orientale che però si può regolarmente osservare anche in Italia dove alcune coppie nidificano sul promontorio dell'Argentario. Il nido di fango, posto al riparo di rocce, ponti o edifici, è facilmente distinguibile da quello della rondine comune dato che non è aperto verso l'alto ma completamente chiuso e dotato di entrata tubolare. La rondine rossiccia assomiglia alla rondine comune, ma ha groppone e gola chiari, ventre finemente striato e coda meno forcuta. Nidifica in coppie isolate ovvero in piccole colonie ma, in autunno-inverno, può radunarsi in stormi davvero immensi. Ne ricordo uno in ottobre, nell'India del nord (forse di uccelli che si raccoglievano per la migrazione) che contava forse diecimila esemplari.

Anthus novaeseelandiae (Calandro maggiore). La famiglia *Motacillidae* - cui questo uccelletto appartiene - è un tipico gruppo di Passeriformi terricoli, capaci di deambulare rapidamente a piccoli passi equilibrandosi con la coda che, assai spesso, si presenta piuttosto lunga. In Europa sono ben noti la pispola, il prispolone, il calandro e lo spioncello, tutti piuttosto simili tra loro e dotati di piumaggi striati e mimetici. Il calandro maggiore - che ho osservato di prima mattina, in un praticello nel parco del nostro bungalow - è un po' più grosso di una pispola, più striato di un calandro, più rossiccio di uno spioncello, più sbiadito e più eretto di un prispolone ma, nel complesso, è un uccelletto dall'aspetto assai comune e familiare. Ha un vasto areale riproduttivo in Asia e capita accidentalmente anche in Europa.

Pycnonotus jocosus (Bulbul dai mustacchi rossi). I bulbul sono una famiglia di uccelli canori molto vivaci e robusti, che annovera decine di specie diverse diffuse nei tropici del Vecchio Mondo. Questa è una delle specie più comuni e meglio conosciute. Ne ho fotografato un individuo nel parco del Lodge.

Pycnonotus melanicterus (Bulbul crestanera). Altro bulbul osservato nei pressi del lodge sia da me sia da Pierre.

Lanius cristatus (Averla bruna). Un'averla di aspetto assai modesto, bruna e crema, non barrata e non marcata di castani, bianchi o grigi. Il comportamento è simile a quello degli altri rappresentanti della sua famiglia: attacca grossi insetti o piccoli vertebrati piombando loro addosso da un posatoio e li "sbrana" con il potente becco uncinato, aiutandosi anche con le zampe. A volte si serve delle spine per impalare qualche preda in sovrappiù e lasciarla seccare all'aria, non so per quale motivo (e credo che non lo sappia nessuno con precisione, anche se esistono varie ipotesi in merito).

Lanius schach (Averla dorsorossiccio). Averla di costumi simili alla precedente ma di colori assai più marcati: ha testa, ali e coda nere, dorso castano e parti inferiori bianco crema.

Garrulax leucolophus (Garrulo schiamazzante ciuffobianco). È un uccello notissimo, che ho sempre visto nelle voliere degli zoo e che ho sempre ammirato per la sua stupenda, insolita e semplice eleganza: grosso quasi come una ghiandaia, ha dorso castano, testa e petto bianco con un ciuffo di penne ben evidente, maschera nera sugli occhi. La sua qualifica di "schiamazzante" è davvero meritata:

bisognerebbe sentire il chiasso di un gruppetto di esemplari (quelli che abbiamo incontrato noi, presso gli *Headquarters,* erano cinque o sei) nel folto. I garruli appartengono alla famiglia dei Timaliidi, Passeriformi ben noti per le incredibili capacit di cooperazione di molte specie. L'israeliano Amos Zahavi studia da anni i garruli arabi *(Turdoides squamiceps)* e tiene su di essi e sulla loro socialità conferenze affascinanti. In India, ho osservato una specie simile, il garrulo della giungla *(Turdoides striatus)* che, a dispetto del suo nome, si osserva facilmente nei prati cittadini in gruppetti di 5-10 esemplari (detti localmente "sette sorelle") grossi come merli, ma di color grigio chiaro con gli occhi gialli, la coda graduata e un andamento più saltellante. In questa, così come in molte altre specie, le coppie che covano sono aiutate a svezzare i piccoli da altri componenti del gruppo, presumibilmente imparentati con esse.

Monticola solitarius (Passero solitario). Affascinante come sempre, è la prima volta che lo trovo in una situazione quasi urbana. Ve ne sono molti sui tetti dei *bungalows* dell'insediamento alberghiero nella foresta. In questa stagione, i maschi non sono certamente smaglianti come quelli che, in gioventù, ho osservato sulle coste sarde e siciliane. Il blu è opaco e sul petto sono evidenti barre orizzontali rugginose.

Saxicola torquata (Saltimpalo). È il nostro simpatico piccolo turdide a testa nera e petto rossiccio dei pali e delle siepi. Camminando lungo la strada principale che collega il lodge con il campo da golf, ne abbiamo osservati molti in livrea non riproduttiva, forse migratori dall'Asia settentrionale. Li ha riconosciuti Pierre che ha anche ironizzato sul mio dubbio (del tutto ingiustificato per ragioni biogeografiche) sulla loro possibile identità di stiaccini (*Saxicola rubetra*).

Muscicapa thalassina (Pigliamosche acquamarina indiano). Tra i pigliamosche si annoverano alcune specie dai colori semplicemente splendidi. Di questa, che è come il cristallo a cui è intitolata, abbiamo visto un maschio sul ramo di un albero poco dopo il nostro ingresso nel parco. I pigliamosche hanno un tipico portamento eretto, un volo leggero e una forte tendenza a cacciare operando rapide sortite e repentini rientri sullo stesso posatoio da cui sono partiti.

Arachnothera affinis (Mangiaragni pettogrigio). I mangiaragni sono nettarinie dai colori meno vivaci e dal becco lunghissimo e arcuato. Sono uccelli di taglia minima che si nutrono di nettare e di piccoli artropodi. Io ne ho fotografato uno su un fiore, nel giardino di una casetta.

Oriolus chinensis (Rigogolo giallo orientale). Il rigogolo cinese è un uccello della taglia di un merlo, più giallo del nostro, ma con la nuca nera. Come il rigogolo europeo, è raramente visibile allo scoperto e, in genere, si lascia localizzare per i suoi miagolii, fischi e versi grattati. Non ho preso nota delle circostanze di questo avvistamento, ma forse l'ha visto Pierre perché io non lo ricordo.

Dicrurus macrocercus (Drongo nero). I dronghi sono una piccola famiglia di sole 22 specie, delle quali 21 sono raggruppate nell'unico genere *Dicrurus* e appaiono tutte molto simili tra loro. Uccelli robusti e aggressivi, dotati di una coda profondamente forcuta e di piumaggio tendente al nero, se ne stanno sui fili della luce da cui compiono rapide picchiate sulle loro potenziali prede. Il drongo nero è una delle specie di uccelli più diffusa in Asia e si può osservare un po' dappertutto.

Dicrurus leucophaeus (Drongo grigio). Facilmente distinguibile dal precedente per il colore grigio del piumaggio, è un drongo "di montagna", reperibile fino a quasi 3000 metri di quota (il drongo nero non supera, generalmente, i 1400). È anche molto meno comune e io sono riuscito ad avvistarne un solo individuo sui fili della luce presso i *lodge*.

Dicrurus paradiseus (Drongo del Paradiso). Magnifico drongo nero di grande taglia con un vistoso ciuffo di piume disordinate e con una lunga coda a racchetta costituita da due timoniere che crescono oltre misura e perdono le barbe eccetto che nella parte apicale. In volo, sembra un grosso drongo nero inseguito da due uccellini. Ne abbiamo visto uno ai margini della foresta, presso il lodge.

Corvus macrorhynchus (Cornacchia della giungla). È la grossa cornacchia nera asiatica, presente - nonostante il suo nome - anche nei centri urbani. Ne abbiamo osservato un paio di individui nella stessa zona del gruccione barbablù. Ha qualcosa del corvo imperiale ma è più agile e allungata e meno maestosa. Il richiamo è abbaiante, simile a quello della cornacchia nera e grigia che, in India, è detta "delle case".

11. Jack & Hooknose.

Tre uomini e un cane con il fuoco al sedere. Tali mi sembrano i miei compagni di viaggio dal modo in cui schizzano come frecce su questo itinerario dal ritmo infernale. All'inizio riuscivo a osservare e persino riconoscere con calma i singoli alberi, poi ho incominciato a notare soltanto le piante un po' speciali, ora vedo un'unica galleria di verde che corre via da ogni lato, come se mi trovassi su una motocicletta lanciata a corsa pazza nella giungla.

Non avrei mai creduto che il mio primo contatto - primo o quasi a parte Kao-Yai - con la foresta tropicale sarebbe avvenuto in un modo tanto assurdo. Avevo immaginato suoli fangosi e zeppi di sanguisughe, barriere impenetrabili di erbe, canne e arbusti tra cui farsi strada palmo a palmo con un *machete*, torreggianti alberi ingombri di liane e animati da voci di scimmie e di pappagalli; invece, si cammina su un terreno asciutto e quasi perfettamente pulito, senza né arbusti spinosi né erbe urticanti, né pozze insidiose, quasi lo scenario di un parco pubblico, movimentato soltanto da un continuo saliscendi che tuttavia è talmente privo di asperità da apparire quasi il prodotto di una attività deliberata dell'uomo. Senza un eccessivo sforzo di immaginazione, si potrebbe credere di calpestare distese di colline artificiali, di rifiuti urbani ammassati negli anni e poi modellati nella forma voluta da scavatrici e bulldozer, come quelli che hanno formato le alture del parco milanese di Monte Stella o del Parco Nord.

Praticamente invisibili sono gli animali. Attraversando un torrente, abbiamo visto alcuni piccoli barbi fasciati di nero e giallo nonché certi grossi girini di anfibi anuri con una vistosa macchia alla base della coda; poi è comparsa una piccola lucertola bruna che è andata a ripararsi in un cespuglio e si è anche osservato un piccolo oggetto a forma di torretta di fango indurito (circa 20 centimetri di altezza e 3-4 di diametro) che abbiamo interpretato come termitaio. Ma niente uccelli, niente serpenti, niente mammiferi né grandi né piccoli. Figuriamoci i tapiri.

Credo che la nostra guida, Wisit Archomphou, abbia un piano ben determinato, anche se non capisco quale. Continua ad agitare il braccio come per dire "andare, andare" e noi andiamo. Lui e l'altro tailandese sono in perfetta forma e vanno come treni; Pierre - mi spiace di doverlo ammettere - se la cava anche lui piuttosto bene e io faccio una gran fatica a non mollare e perderli di vista del tutto. Ogni tanto rallentano, presumo per darmi modo di prendere fiato, ma non si fermano mai e la cosa incomincia ad allarmarmi.

Corri, corri, corri. Che razza di modo di visitare un posto tanto straordinario, di vivere un'esperienza tanto irripetibile! Mi sembra di fare la Parigi-Dakar a piedi, con le scarpe che mollano e i pantaloni che mi si asciugano addosso. Non mi era mai capitato nulla del genere.

Fin da ragazzo, anzi fin da bambino ho visitato ambienti naturali. Ho fatto ciò che potevo, come potevo, ma non mi è mai capitato una sola volta di correre in questo modo. Non che non abbia mai corso, anzi, ma l'ho fatto in tutt'altro contesto e soltanto per pochi minuti per volta. Ricordo che in un certo periodo, ai tempi delle scuole medie, ogni domenica andavo in gita con tutta la famiglia. Ci si fermava a pranzare in qualche remoto ristorante e qui si perdeva un mucchio di tempo aspettando pazientemente primo, secondo, contorno, frutta, dolce e via dicendo; poi, a un certo punto, con lunghe contrattazioni, promesse, implorazioni, ottenevo che, lungo la strada del ritorno, si facesse una breve sosta in aperta campagna. "Dieci minuti", diceva mio padre guardando l'orologio, e io schizzavo subito fuori dall'auto e correvo come un disperato verso qualche zona in vista che mi sembrasse buona per sollevare pietre, frugare tra l'erba, insinuarmi in un cespuglio o arrampicarmi su un albero. Due-tre minuti per andare, cinque-sei minuti per cercare e uno-due minuti per tornare a rotta di collo quando mio padre incominciava a suonare la tromba dell'auto per richiamarmi. Così mi sono auto-addestrato a cercare - e persino trovare - animali a tempo di record. In pochi minuti ero in grado di raccogliere lucertole, rane, tritoni, coronelle, gongili, orbettini e ritornare alla base come se nulla fosse accaduto. Mi avrebbero potuto decorare con la croce al merito del naturalista-raccoglitore più veloce del mondo. Era molto difficile per me, ma era così e ora penso che mi fosse anche utile. Forse è per questo motivo che ora che sono adulto e indipendente non vado volentieri a sedermi in un ristorante per il pasto di mezzogiorno, anzi non ci andrei per nulla al mondo. Invece, trascorro di gusto un'intera giornata su un sentiero, in un bosco, una palude, una valle o altro, camminando lentamente in silenzio e persino fermandomi ai piedi di un grande albero o al riparo di un fitto cespuglio. In queste circostanze mi sono capitati i miei incontri più straordinari: quando sei immobile, gli animali non ti vedono o, anche se ti vedono, ti considerano innocuo e tollerabile. Può scendere un picchio rosso maggiore e attaccarsi allo stesso tronco a cui tu sei appoggiato, oppure può zampettare verso di te una donnola che non riesce più a sentire il tuo odore a causa del repellente anti-zanzare che ti sei spruzzato addosso a profusione; può capitarti di scorgere un gheppio che si getta in mezzo all'erba per catturare un topino oppure un allocco che, alle prime luci del mattino, scompare tra gli alberi volando lentamente con un'arvicola tra gli artigli. È straordinario gustare le sorprese che ti offre la natura quando nessuno ti preme per cambiare attività al più presto. Una volta che l'hai provato, non vorresti mai più cambiare sistema e perciò ti secca moltissimo che qualcuno - di sorpresa e inopinatamente - riesca a rimetterti nella vecchia situazione moltiplicata per cento o per mille e resa anche molto più faticosa: una corsa di dieci o venti chilometri per andare, un tapiro molto dubbio, e poi ancora una corsa di altrettanti chilometri per tornare.

Mi viene in mente che è proprio così che si svolge la competizione, almeno nella sua forma più semplice: corri e corri, va a finire che ci si distanzia in funzione delle prestazioni atletiche che si è in grado di effettuare; dopo poco, uno è in testa, qualcun altro tallona, la maggior parte sta nel gruppo di mezzo e qualche poveraccio fa da fanalino di coda. Ora, in natura, una simile situazione può inquadrarsi soltanto in una delle seguenti eventualità: (a) la capacità di correre di più non comporta né vantaggi né svantaggi; (b) la capacità di correre di più è vantaggiosa; (c) la capacità di correre di più è svantaggiosa. Il primo caso è molto comune: immaginiamo, ad esempio, una tartaruga o un riccio che basano la loro difesa sul trinceramento corazzato ovvero un uccello che la basa sul volo e non sulla corsa o ancora una talpa che si infila rapidamente in una galleria, una rana che balza in acqua o un rinoceronte che ti attende a piè fermo dicendoti con la postura del corpo: "Vediamo se osi avanzare ancora"; il secondo caso è altrettanto comune: cervi, antilopi, conigli, lepri, lucertole, struzzi e molti altri animali basano la loro capacità di difesa essenzialmente sulla capacità di una fuga fulminea; il terzo caso, infine, potrebbe verificarsi in particolari circostanze, per esempio, qualora il terreno fosse particolarmente infido e le avanguardie rischiassero di più di tutti gli altri membri di un gruppo di andare a finire in un burrone, rimanere intrappolate nelle sabbie mobili o cadere falciate da una raffica di armi da fuoco di un cacciatore comodamente appostato.

Dunque, una determinata prestazione atletica di elevata qualità non costituisce un vantaggio selettivo *in sé e per sé* ma soltanto in relazione alle circostanze in cui si verifica; può anche capitare che esista più di una strategia praticabile per affrontare con successo la stessa circostanza e che pertanto la selezione naturale tenda a favorire la coesistenza di due "fenotipi di comportamento", talvolta legati anche a fenotipi somatici.

Un caso esemplare di questa circostanza è rappresentato dal salmone argenteo americano noto negli Stati Uniti con il nome di *coho* e agli ittiologi col nome latino di *Oncorhynchus kisutch.* Questo animale, come molti altri rappresentanti della sua famiglia, nasce nelle limpide acque dei torrenti di montagna e vi rimane per tutto il primo anno di vita; poi

81

migra nell'oceano Pacifico e qui si ferma per un tempo variabile dai 5 ai 20 mesi prima di intraprendere la faticosa risalita verso i torrenti di origine dove si riprodurrà a sua volta e morirà. La "risalita" degli adulti sessualmente maturi avviene in novembre-gennaio e, in generale, è intrapresa da individui di circa due anni e mezzo. Tipicamente, i maschi di questa età presentano una forte mascella a uncino, utile per combattere contro i rivali e per questo motivo sono chiamati *hooknose* (naso uncinato).

La fecondazione delle uova avviene subito dopo il faticoso viaggio di risalita: le femmine scavano un nido nella ghiaia del fondo e vi depongono molte migliaia di uova; i maschi più forti si avvicinano rapidamente e si fronteggiano finché il vincitore non riesce a prendere possesso della postazione e a fecondare una, due o più nidiate.

Sui luoghi di riproduzione, giungono però anche alcuni maschi di piccola taglia privi di mascella uncinata che vengono chiamati *jack*. Questi maschi sono anch'essi sessualmente maturi, ma hanno soltanto due anni di età (iniziano il viaggio di ritorno a un anno e mezzo) e, a prima vista, sembrano destinati al totale insuccesso riproduttivo. Ci si può chiedere, anzi, come mai la selezione naturale non abbia ancora provveduto a toglierli definitivamente di mezzo (cioè, a escludere che la maturazione sessuale possa avvenire al secondo anno, quando il pesce ha ancora una taglia relativamente modesta).

La risposta è stata recentemente fornita dal canadese Mart Gross della British Columbia che, per cercare di capirne di più, ha catturato centinaia di salmoni durante il loro viaggio di risalita e li ha marcati con targhette colorate rendendoli riconoscibili ad uno ad uno: ha accertato, così, che anche i piccoli *jack* riescono a riprodursi abbastanza bene nonché a tramandare ai posteri le loro peculiari caratteristiche di maturazione sessuale precoce. Come è possibile questo? Il fatto è che, per riuscire a raggiungere un nido pieno di uova, quella di combattere non è l'unica strategia possibile: il maschio *jack* può anche avvicinarsi di soppiatto alle uova da fecondare, eludendo la sorveglianza dei grossi *hooknose*, e può infine emettere un decisivo spruzzo di sperma all'ultimo momento.

Per mettere in atto con successo questa strategia alternativa, è evidentemente necessario essere quanto più piccoli possibile per nascondersi dietro i ciottoli oppure per sfuggire agli attacchi rifugiandosi nell'acqua molto bassa, dove i grossi *hooknose* rischierebbero seriamente di arenarsi. Pertanto, nella stessa specie e addirittura nella stessa popolazione di salmoni, agisce una selezione naturale di tipo "disgiunzionale" che tende a separare sempre più nettamente due tipi diversi di maschi caratterizzati da strategie riproduttive diverse ma entrambe efficaci: maturare a due anni come piccolo *jack* o a tre come grosso *hooknose*. Ciò che non funziona, invece, è la via di mezzo: infatti, i salmoni di taglia intermedia sono troppo piccoli per lottare con successo, ma anche troppo grossi per riuscire ad avvicinarsi alle uova senza essere notati. Può accadere, dunque che, per evitare di essere travolti oppure di essere sospinti al di fuori dell'ambito di una specie da una competizione di intensità insostenibile, si scelga di aggirare l'ostacolo, ci si muova con l'obiettivo di ottenere lo stesso risultato con una strategia alternativa. Il mondo della natura è pieno di queste strategie contrapposte: per esempio, falchi o colombe, fedeli o infedeli, timide o intraprendenti, forti o astuti, onesti o bari. I diversi possono convivere non soltanto nella stessa specie ma addirittura nella stessa popolazione. L'importante è vincere, non importa con quali mezzi. Chi mai, nel corso della storia, si è curato dei mezzi, dopo tutto?

12. K & r

Dunque, non è affatto vero che i cosiddetti animali selvatici siano tanto liberi e tanto selvaggi e ancor meno è vero che non debbano mai lavorare né che non siano mai angustiati da preoccupazioni di sorta. Certo, per quanto noi ne sappiamo, gli altri animali non sembrano avere una coscienza del futuro paragonabile alla nostra ma il loro impegno per reperire il cibo, per sopravvivere, per delimitare e mantenere un territorio, reperire un partner per riprodursi, affrontare le cure parentali, evitare i predatori e assicurarsi idonei ripari per la cattiva stagione è più che sufficiente per tenerli sotto pressione come se fossero essere umani altamente impegnati, per esempio come atleti primatisti oppure come dirigenti industriali con un'agenda fittissima di impegni.

In un ambiente naturale, ogni specie rappresenta una diversa professione e ogni individuo una singola posizione. Per esempio, in una foresta tailandese la specie denominata tigre svolge la professione di felino superpredatore e ogni individuo di questa specie rappresenta, per così dire, uno studio di un singolo professionista. Le posizioni esistenti sono limitate, così come le farmacie o gli studi legali in una città e ogni tigre che nasce dovrà sottoporsi a qualcosa di molto simile a un corso di studi e a un periodo di pratica professionale per potere nutrire la speranza di diventare titolare, in un futuro più o meno lontano, di un idoneo territorio, cioè di una posizione.

È inevitabile - per la limitatezza delle posizioni disponibili - che le popolazioni di animali selvatici non possano crescere oltre un certo limite. In generale, esse verranno regolate da quattro fattori: da un lato, la natalità e l'immigrazione che tendono a farle aumentare numericamente, dall'altro la mortalità e l'emigrazione che tendono invece a farle diminuire.

A questa regola non sfugge nessun animale. La dinamica di un popolamento faunistico si può pertanto esprimere con la semplice formula:

$$P = n - m + i - e$$

Cioè: l'entità della popolazione complessiva P in una certa area e in un determinato momento è il risultato della somma algebrica della natalità n, la mortalità m, l'immigrazione i e l'emigrazione e; come è ovvio, natalità e immigrazione sono fattori dotati di segno positivo mentre mortalità ed emigrazione di segno negativo.

In una tipica popolazione umana di oggi, la natalità può variare dallo 0,5 fino al 2-3% all'anno mentre la mortalità si aggira intorno allo 0,5-1%. Tra le popolazioni di animali selvatici, il ricambio è invece molto più rapido: una popolazione di piccoli uccelli canori può moltiplicarsi per tre o per quattro dopo una sola stagione riproduttiva, salvo poi subire una mortalità del 70-80% nel corso della stagione invernale. Una popolazione di elefanti o di uomini primitivi (cacciatori-raccoglitori) non giunge a questi estremi ma subisce pur sempre una natalità e una mortalità enormemente più alte di quelle degli uomini agricoltori e tecnologici. Naturalmente, la mortalità più elevata è sempre quella infantile e le sopravvivenze più lunghe riguardano gli individui più forti e sani, che riescono a mantenere saldamente il possesso delle risorse necessarie. In ogni caso, il bilancio della formula sopra riportata ci consente di calcolare la popolazione P che si trova nell'area A nonché la densità di popolazione d = P/A. Questo calcolo ci consente anche di constatare che la densità varia notevolmente in funzione delle risorse esistenti nell'area A. Per una popolazione umana che passa da un sistema di sostentamento basato sulla caccia a un sistema basato sull'agricoltura, il fattore di moltiplicazione delle risorse si aggira intorno a 1.000-10.000, il che equivale a dire che un territorio di circa 10 chilometri quadrati che - allo stato naturale - poteva alimentare un solo uomo cacciatore con la sua famiglia, una volta messo a coltura cerealicola può fornire cibo a ben seimila persone! Coloro che si lamentano delle rapide trasformazioni del mondo moderno e della drammatica perdita di ambienti naturali che avviene continuamente sotto i nostri occhi dovrebbero ricordare che l'aumento annuale di popolazione sul nostro pianeta è attualmente di circa novanta milioni di persone e che per nutrire decentemente tutta questa gente è necessario, in teoria, mettere a coltura ogni anno 150 mila chilometri quadrati di nuove terre in più. Guarda caso, questo calcolo è pressoché corrispondente a quello della estensione di foresta tropicale che viene distrutta ogni anno per un motivo o per l'altro.

13. Arene.

Talvolta, gli animali possono vivere senza fissa dimora o perlomeno trascorrendo molto tempo in viaggio, ma più spesso stabiliscono la loro residenza in un'area determinata e la difendono contro tutti gli altri individui della loro stessa specie e del loro stesso sesso. L'area difesa, a prescindere dal particolare uso che ne viene fatto, è definita come *territorio*. Un territorio può essere occupato da una sola famiglia ma talvolta può anche essere tenuto in comune dai membri di un gruppo, per esempio da un branco di scimmie. In tal caso, all'interno del gruppo, generalmente verrà sviluppato un codice di accesso alle risorse basato sul riconoscimento della forza, cioè una *gerarchia*.

La suddivisione dello spazio disponibile in tanti territori adiacenti è la norma di vita in un gran numero di specie di animali. Una volta che una coppia di cinciallegre ha trovato un buon albero cavo utile per costruirvi un nido, prende possesso di un pezzetto di bosco esteso per alcune migliaia di metri quadrati attorno alla sua nuova casa. In questo spazio, i due coniugi rivendicano l'esclusiva della ricerca del cibo nei confronti di tutte le altre cinciallegre. Non si curano molto, invece, degli uccelli appartenenti ad altre specie, neppure se si trattasse di specie affini come cinciarelle o cince more che, in ogni caso, saranno in grado di raccogliere il cibo con tecniche diverse e di sfruttare risorse diverse. Il territorio di una cinciallegra può coincidere in tutto o in parte con quello di un merlo, di un codirosso o di una cincia mora, ma dovrà escludere il territorio di altre cinciallegre: se un altro individuo non si è lasciato sospingere al di fuori dei limiti della sua nicchia ecologica, cioè dei limiti operativi della propria specie, allora dovrà accettare di suddividere lo spazio vitale disponibile con gli altri individui che si trovano nelle sue stesse condizioni. È possibile sfruttare razionalmente le risorse ma non moltiplicarle all'infinito: se qualcuno ha preso possesso di un'abitazione e di un territorio di caccia, qualcun altro che voleva esattamente le stesse cose dovrà necessariamente farne a meno.

Un territorio può avere una valenza alimentare ovvero puramente riproduttiva o persino simbolica. Il primo caso è quello più comune e diffuso e corrisponde a una distribuzione delle risorse sufficientemente uniforme e prevedibile. Se un maschio adulto di cinciallegra si accaparra tremila metri quadrati di bosco di tipo A, tipicamente sa (in parte per esperienza diretta, in parte per capacità istintive derivanti da informazione genetica) che gli sarà possibile ricavarvi le risorse per nutrire se stesso, la sua compagna e una nidiata di 8-10 pulcini. Se invece una femmina adulta di un uccello marino coloniale, poniamo una *Sula bassana*, costruisce un nido su una costa rocciosa, i suoi problemi sono completamente diversi: la nidiata dovrà nascere e crescere in un sito inaccessibile, al riparo di tutti i possibili raccoglitori di uova o di pulcini, tuttavia la monopolizzazione di un ampio pezzo di terreno sulla spiaggia sarebbe non soltanto inutile ma persino controproducente; infatti, tutte le sule pescano in alto mare e usano la terraferma unicamente per covarvi le uova e allevare i piccoli; perciò, tutte le sule hanno bisogno di un pezzetto minimo di terreno sulle stesse spiagge inaccessibili; l'ipotetico tentativo da parte di qualche sula egoista di assicurarsene una estensione maggiore farebbe enormemente aumentare la conflittualità senza fornire alcun

89

beneficio concreto al monopolista. Per una sula, la strategia migliore è quella di difendere un piccolo sito del diametro di un metro o poco più (fin dove un esemplare arriva con il becco allungando il collo ma senza muoversi dalle uova) e andare a pescare in alto mare. Per questo motivo le sule, così come i cormorani, le alche e i gabbiani, nidificano in colonie senza problemi mentre le cince e i merli hanno bisogno di un territorio molto più vasto.

Il caso limite è quello in cui il piccolo territorio che viene difeso non solo non ha più nessuna funzione alimentare, ma non serve neppure per installarvi un nido. Esso è ridotto a una pura e semplice funzione simbolica: testimonia l'alto rango del suo detentore e lo rende desiderabile alla grande maggioranza delle femmine. Un tale sistema si riscontra in molti uccelli con spiccato dimorfismo sessuale, per esempio tetraonidi, paradisee, uccelli giardinieri, cotinghe, che, pur essendo molto diversi tra di loro, presentano tutti un sistema riproduttivo caratterizzato da *poliginia a dominanza del maschio*.

In questo tipo di poliginia non si formano né harem né relazioni stabili: i maschi si esibiscono per le femmine in una sorta di "fiera" collettiva e le femmine accettano di accoppiarsi con quelli che hanno conseguito le migliori prestazioni. Poiché le esibizioni consistono in scontri altamente ritualizzati e non molto violenti, spesso è difficile capire su quali criteri si basino le femmine per esercitare la loro scelta; tuttavia, tali criteri debbono essere certamente univoci dato che i maschi di successo sono pochissimi e con essi soli si accoppiano quasi tutte le femmine.

In ogni caso, il principale elemento di giudizio per le galline forcelle o le paradisee deve certamente riguardare la capacità del maschio di mantenere saldamente un piccolo territorio di pochi metri quadrati all'interno di un'arena; nell'arena, all'inizio della stagione riproduttiva, si riuniscono molti maschi (una decina o più nel caso dei galli forcelli) che si sfidano continuamente tra loro e cercano di costringere gli avversari ad abbandonare la loro postazione. Le femmine non si lasciano molto vedere durante questi tornei ma evidentemente sono nei paraggi e sanno benissimo come vanno le cose; oppure giudicano sul risultato degli scontri dando una rapida occhiata all'aspetto dei contendenti: un gallo forcello che ha vinto molti tornei è tronfio e impettito in un modo diverso da un altro gallo che ha perso e che si sforza vanamente di mantenere la sua dignità. Per noi, la differenza può anche essere molto difficile da percepire, ma per una gallina basta un'occhiata: una gallina sa bene che un forcello maschio non si fermerà a vivere con lei dopo l'accoppiamento e che la lascerà completamente da sola a covare e allevare la futura nidiata; sarebbe del tutto inutile, perciò, tentare di indovinare doti nascoste che vadano al di là della pura forza e capacità di difendere un territorio: ciò che una gallina cerca è un maschio forte e sano che le garantisca una prole altrettanto forte e sana; tutto il resto non ha per lei alcuna importanza.

L'idea di ridurre i conflitti a "tornei" o addirittura a "duelli canori" o comunque simbolici è senz'altro ottima per ridurre i rischi di ferirsi seriamente o addirittura di perdere la vita in uno scontro troppo brutale. Tuttavia, non sempre il perdente di uno scontro virtuale accetta di buon grado la sua sorte: può sempre accadere che - vedendosi ridotto a mal partito - decida di mandare all'aria tutta la partita, come fanno talora i bambini stizziti per un gioco in cui stanno perdendo.

Un comportamento di questo genere è stato osservato da Pepper W. Trail della Cornell University di Ithaca nel corso di uno studio sul galletto di roccia (*Rupicola rupicola*) svoltosi tra il 1980 e il 1983 nella Riserva naturale di Raleigh Falls, nel Suriname, in Sudamerica.

I galletti o rupicole sono splendidi cotingidi della taglia di un piccione diffusi nelle foreste tropicali sudamericane; i maschi sono di colore arancio vivo e muniti di una spettacolare cresta di piume che, quando è spiegata, arriva a coprire pressoché completamente il becco; la femmina, invece, ha un piumaggio bruno scuro; il loro sistema riproduttivo è simile a quello dei galli forcelli e ogni "arena" riunisce 50-60 maschi in esibizione, ciascuno dei quali difende un territorio di poco più di un metro di diametro. Le femmine vengono a visitare questa grande "fiera di maschi" senza farsi notare e osservano i contendenti per diversi giorni prima di decidersi alla scelta e quindi accoppiarsi con uno di essi.

92

Alcuni maschi appaiono evidentemente molto più graditi della media degli altri e riescono decisamente a monopolizzare le femmine: alcuni singoli esemplari riescono addirittura a realizzare il 23-39 per cento di tutti gli accoppiamenti, un gruppetto intermedio di "giovani rampanti" può sperare di essere scelto da una femmina di tanto in tanto e infine la massa dei "peones" - i due terzi dei galletti di un'arena - continua a esibirsi a vuoto per tutta la durata del periodo riproduttivo.

In quattro anni di studio, Trail ha osservato un totale di 385 accoppiamenti ma ha anche notato che, in molti casi (circa il 30 per cento del totale), questi venivano insistentemente disturbati e talvolta interrotti da un maschio rivale deluso. A che cosa potevano servire, in pratica, tali "insane" espressioni di gelosia? Ebbene, Trail ha potuto anche constatare che le femmine che avevano subito la traumatizzante esperienza del *coitus interruptus* tornavano più spesso a frequentare l'arena e mostravano una maggiore disponibilità ad accoppiarsi con maschi diversi. In questa "seconda scelta", è apparso con evidenza il successo della strategia disruptiva dei maschi disturbatori: essi, infatti, sono riusciti a ottenere i favori femminili nel 62 per cento dei casi mentre quelli che incontravano per la prima volta una femmina mai disturbata avevano una probabilità di successo non superiore al 41 per cento.

Con questi vantaggi, ci si può anche chiedere come mai la strategia del disturbo non venga praticata in una

93

misura anche maggiore. La risposta è che, oltre un certo limite, l'energia investita per andare a interrompere tutti i possibili corteggiamenti o accoppiamenti dei rivali diventa eccessiva: il disturbatore non riesce più a difendere il suo piccolo territorio e incorre anche nel rischio di dure rappresaglie. Lo stesso Trail ha infatti osservato il patetico caso di un maschio che, dopo avere adottato un'accanita tecnica di disturbo, ha subito un drastico declino del suo successo: due soli accoppiamenti su 60 tentativi contro gli 8 su 67 dell'anno precedente.

Si può quindi concludere che l'interruzione più o meno brusca e brutale di un torneo ritualizzato sia una strategia che può anche pagare, purché non si tenti di farne un uso eccessivo.

14. Duelli.

Un duello ritualizzato per la conquista di una posizione dominante che dà anche accesso alla possibilità di accoppiamento con un notevole numero di femmine può sembrare un sistema strano ma, a ben guardare, qualcosa del genere esiste anche nella nostra specie: l'etologo Irenaus Eibl-Eibesfeldt cita il caso dei cosiddetti "duelli canori" degli eschimesi della Groenlandia cui assistette, tra i primi (1925), l'antropologo tedesco H. Kînig che ne trascrisse anche alcune parole e frasi. I contendenti attribuiscono a se stessi modestia e moderazione e agli avversari ogni genere di difetto. Per esempio, il cantore Koungak si esprime in questo modo contro il suo avversario Erdlavik:

"Voglio seguire anch'io la barca delle donne, seguire la barca e i cantori come rematore del kajak, benché io abbia una natura timida e sia di indole umile - mi metto in coda agli altri pagaiando con il mio kajak, metto in coda il mio canto! - Non mi stupisco che fosse contento - lui che quasi aveva ucciso suo cugino, che quasi aveva arpionato suo cugino - non mi stupisco che si sentisse contento, che fosse allegro."

Ed Erdlavik ribatte in questo modo a Koungak:

"Mi fa soltanto ridere, soltanto mi diverte, Koungak, che tu sia un assassino e che la tua indole sia così irosa, così incline al furore. Ma poiché hai appena tre mogli - e pensi che sia poco - dovresti permettere ad altri uomini di sposarle, così avresti tutto ciò che i loro uomini si procurerebbero, Koungak, poiché tu te ne infischi dell'opinione degli altri, per questo sei sempre affamato, perchè le tue mogli ti divorano tutto, per questo hai cominciato ad ammazzare gli altri."

Un caso analogo, ben noto anche nelle culture europee, è quello delle tenzoni canore all'osteria. Von Hoermann (1877) riferisce il testo di un dialogo canoro di due giovani tirolesi:

Prima voce:
Son salito su dal piano,

95

non c'è sentiero troppo lungo per me,
ho uno zaino sulle spalle
pieno di coraggio.

Seconda voce:
Ora pioggia, ora acquazzone,
ora neve, ora nevischio,
quel tuo canto stitico
comincia a innervosirmi.

Prima voce:
Legno di bosso e fronda d'acero,
carta turca farei di te,
ma perchè non ho oggi
il mio arnese di ferro con me?

Seconda voce:
Smettila di cantare così
e di rifare il verso,
altrimenti ti sfido a botte
o a lottare a dito di ferro.

Prima voce:
Chiudi il becco, sgraziato perticone,
se ti capitasse di spezzarti
sei troppo corto per rimetterti insieme.

Seconda voce:
Lassù in alto stanno tre faggi,
smettiamo di far chiacchiere,
andiamo a vedere chi ha coraggio.

Prima voce:
Sono fiero, sono bello,
ho la penna sul cappello,
se a pugni c'è da fare
non mi lascio spaventare.

Seconda voce:
Bambino, quando colpisci,
non colpirmi gli occhi,
altrimenti non vedrò bene
per raccogliere i tuoi pezzetti.

Prima voce:
Ridicolo pollastro,
fai fagotto,
i tuoi versi pieni di boria
sono durati anche troppo.

In casi come questi, è evidente che la ritualizzazione dello scontro in un torneo non violento è alquanto precaria e che potrebbe improvvisamente cessare per lasciare il posto a uno scontro vero e proprio. Perciò, queste forme di scontri verbali spesso vengono sostituite con particolari cerimonie sociali oppure con veri e propri tornei fisici dalle regole molto rigide. In questo modo hanno origine, da un lato, le feste e gli inviti a cena, dall'altro le attività agonistiche sportive che sono quindi da interpretare come forme estreme di ritualizzazione di scontri per la supremazia.

Ancora oggi - e specialmente in taluni ambienti sociali - può essere evidente il significato di sfida aggressiva di una festa: chi invita è tenuto a esibire la sua potenza mettendo in mostra una bella casa, un arredamento lussuoso nonché offrendo agli ospiti cibi di ottima qualità presentati con piatti e stoviglie di pregio; chi è invitato replica con l'esibizione di vestiti e acconciature costosi ed eventualmente con doni raffinati. Nei moderni *party* degli ambienti ricchi europei, i codici della gara sono spesso altamente simbolici ma in molte società più primitive e ingenue la competizione è invece diretta ed esplicita. Per esempio, Young (1971) riferisce che gli indigeni delle isole Goodenough sommergono i loro avversari sotto un profluvio di doni per umiliarli e sopraffarli moralmente. Un caso ancora più estremo è rappresentato dalle particolari feste denominate localmente *potlatch* degli indiani Kwakiutl, durante le quali i padroni di casa - per dimostrare il loro potere economico - distruggevano oggetti di pregio e addirittura uccidevano schiavi di loro proprietà. Tipi analoghi di riti esistevano senz'altro anche nel Vecchio Mondo dove - tanto per fare un esempio - uno dei piatti più raffinati dell'antichità (vero o fantasioso che fosse) era rappresentato dalle lingue di pappagallo. È evidente il significato di esibizione tipo *potlatch* di una tale pietanza: poiché i pappagalli erano già allora uccelli di grande pregio e di elevato costo per la loro provenienza esotica, il loro piumaggio splendido e la loro capacità di imitare la voce umana, la massima dimostrazione possibile di potere economico era la possibilità di distruggerne a centinaia per offrire, quale prelibatezza gastronomica, proprio la parte anatomica che rendeva più pregiato l'animale quando era ancora vivo.

Non molto diversi erano certi "giochi" del circo romano che comportavano l'uccisione pubblica di un gran numero di animali di grande pregio portati a Roma con fatica e dispendio di mezzi da terre lontane. Ancora una volta è evidente la volontà (in questo caso del potere politico rappresentato dall'imperatore) di impressionare il popolo con una straordinaria capacità di spreco. Il messaggio evidentemente rivolto agli spettatori del Colosseo era: "Per noi, questi animali meravigliosi e strani provenienti da terre lontane altro non sono che oggetti di uso quotidiano che possiamo rimpiazzare come e quando vogliamo." La stessa cosa si riteneva, evidentemente, anche degli schiavi che si esibivano in qualità di gladiatori.

15. Status symbol

Gli uomini non sono poi tanto diversi dagli altri animali e pertanto c'è da aspettarsi che tali comportamenti possano essere ritrovati anche in altre specie. In effetti, ciò accade davvero non solo nella classe dei Mammiferi ma anche in quella degli uccelli.

Un buon esempio di casa nostra è rappresentato dagli uccelli della famiglia *Laniidae* generalmente noti con il nome di averle. Questi sono migratori a lunga distanza che svernano in Africa meridionale e trascorrono da noi soltanto il periodo riproduttivo, dai primi di maggio ad agosto. Sono predatori simili a falchi in miniatura e dotati di un forte becco uncinato col quale possono dilaniare grossi insetti, lucertole, piccoli uccelli e topolini. Il loro ambiente di elezione è costituito da zone arbustive con biancospini, rose o altri cespugli dotati di spine.

Uno degli aspetti più misteriosi del comportamento delle averle è rappresentato dalla loro abitudine di infilzare su spine, spesso in posizione ben visibile, alcuni degli animaletti catturati (ma talvolta anche frutta o persino pezzetti di pane). Alcuni autori hanno attribuito a questi depositi il significato di dispense alimentari da utilizzare in caso di penuria, ma recentemente un ricercatore israeliano che ha studiato a lungo l'averla maggiore ha ipotizzato che, in realtà, si tratti invece di siti di esibizione di risorse territoriali da parte di maschi in cerca di una compagna. L'idea è che il maschio esponga in bella vista alcuni tipici "prodotti" del territorio di cui è proprietario pubblicizzando in tal modo anche se stesso: l'eventuale femmina che vorrà diventare la sua compagna non dovrà pentirsene dato che riuscirà a disporre di cibo in quantità sufficiente per svezzare una numerosa nidiata.

Si può osservare che la pubblicità delle averle è comunque più diretta di quella delle popolazioni umane che effettuano i *potlatch*. Può anche darsi, anche se c'è da osservare che molte delle prede infilzate ed esposte vengono in realtà raccolte da altri animali e quindi vanno perse proprio come i beni umani distrutti nei *potlatch*. Esistono però altri casi in cui l'attività di esibizione è chiaramente del tutto svincolata dall'esigenza di raccogliere provviste e prefigura un consumismo *ante litteram*. Questo è chiaramente il caso dei cosiddetti uccelli giardinieri o costruttori di capanne dell'Australia e della Nuova Guinea.

Nel 1872, l'esploratore italiano Odoardo Beccari, attraversando le foreste vergini dei monti Vogelkop, in Nuova Guinea, fu colpito dalla presenza di molte piccole capanne sparse un po' dappertutto. Le strane costruzioni, lunghe fino a oltre due metri e alte quasi un metro e mezzo, erano formate da rami intrecciati tanto strettamente da risultare impermeabili. Di fronte a ciascuna capanna c'era un prato di muschio decorato con frutti, fiori, funghi ed elitre di coleotteri attentamente raggruppate a seconda del colore. Tutti i fiori erano freschi e venivano rimpiazzati man mano che appassivano. Beccari stesso accertò che capanne e decorazioni erano opera di un uccello giardiniere, una delle diciotto specie reperibili in Nuova Guinea. La struttura di queste capanne differisce nelle varie specie e contempla, in

101

alcuni casi, persino la presenza di torri, di viali delimitati da steccati, stuoie di felci e piattaforme di muschio munite di parapetto. Alcune specie, oltre a decorare il "giardino" con frutti, fiori, conchiglie, ossa o altro, dipingono anche la capanna di giallo, verde, blu o nero con il succo di particolari frutti o con polvere di carbone.

Oggi si sa che le capanne degli uccelli giardinieri sono vere e proprie alcove nelle quali i maschi tentano continuamente di attirare le femmine con l'esibizione di opere e oggetti ornamentali che sono puri e semplici *status symbol*, completamente inutili ai fini pratici. Ogni maschio adulto impiega gran parte del suo tempo a riparare la sua capanna, mantenerla nelle migliori condizioni possibili, proteggerla dagli attacchi dei maschi rivali e tentare di distruggere le loro capanne o di rubare i loro ornamenti. Nessun maschio rimane con la femmina dopo l'accoppiamento né tantomeno si sogna di aiutarla nella cova delle uova o nell'allevamento dei piccoli. D'altra parte, non ve ne sarebbe affatto bisogno perché le foreste in cui vivono i giardinieri sono talmente ricche di cibo da consentire a una femmina di raccoglierne a sufficienza per sé e per i suoi pulcini anche senza l'aiuto del maschio.

Per condurre una vita come quella dei giardinieri - maschi playboy e femmine ragazze madri - bisogna certamente poter disporre di abbondanti risorse e di molto tempo libero. Dal nostro punto di vista, sembra che non vi siano speciali vantaggi in un sistema sociale tanto poco equo, poco romantico e poco cooperativo, ma è evidente che i costi debbano essere sopportabili se il sistema si è affermato ed esiste ancor oggi, non solo tra gli uccelli ma anche tra persone umane di grande successo. Si può pensare, perciò, che gli uccelli giardinieri abbiano imboccato la loro singolare vita di architetti-playboy non tanto perché essa costituisca la migliore alternativa possibile quanto piuttosto perché sono molto ricchi di risorse vitali e se la possono permettere.

II. IL GENE E L'EROS

1. L'uovo

Io invece no, non posso proprio permettermi né questo né altro. Non ho la testa dei giardinieri della Nuova Guinea e non ho neppure il fisico dei miei compagni di viaggio. Potrei essere anche molto peggio, naturalmente, ma ciò è del tutto irrilevante perché in natura non esistono doti oggettive ma soltanto attitudini relative a una determinata operazione. Se le circostanze richiedono una certa prestazione e se qualcuno non è in grado di compierla al cento per cento, quel tale potrà perdere la vita. Se invece le circostanze fossero diverse, lo stesso individuo potrebbe mettere in atto le prestazioni di cui è capace in un altro contesto ovvero anche prestazioni inferiori e rivelarsi sufficiente o addirittura il migliore.

Questo non è il mio caso oggi. Se qualcuno dovrà essere mangiato da una tigre, quel tale sono chiaramente io. Non soltanto sono il più pesante e il più lento, l'unico che tende a rimanere isolato in coda a tutti gli altri, ma sono anche il più ricco di grassi e di proteine. Ottantacinque chili contro cinquanta o sessanta, un guadagno del trentacinque-sessanta per cento per la tigre. È chiaro che oggi dovrò darmi da fare con tutte le forze per scongiurare un esito tanto funesto. Funesto per me, naturalmente: conosco gente che, apprendendo una simile notizia, stapperebbe una bottiglia di *champagne*. Molti nemici, molto onore. Però anche occhi bene aperti e dito sempre pronto sul grilletto. Quando ti sei abituato ti puoi persino divertire. Fai colazione con indifferenza, parlando di altro. Versi il latte nel piatto dei *corn flakes*, sorbisci il caffè, imburri le fette di pane tostato e sgusci il tuo uovo sodo come se niente fosse. E in effetti non c'è proprio niente da dire. È splendido e solenne, pensavo.

Splendido e solenne, geometrico e spaziale nelle sue superfici curve, calcareo, lucido e poroso come una conchiglia, microscopico e occulto ma anche grande e palese, colloidale e interamente riempito di granuli gialli di tuorlo, dotato di tutta la informazione necessaria per costruire un organismo vivente, pronto senza ombra di riserve mentali per la sua straordinaria avventura, innanzi a me stava l'uovo.
Io sapevo – per via dei miei studi scientifici e ancor prima per le mie ovvie esperienze sensibili – che quell'oggetto apparentemente solido e inanimato non era il substrato grezzo su cui si sarebbe potuto insediare uno spirito vitale e non era neppure la metà passiva della vita in paziente attesa di un eroe liberatore capace di plasmarla. No, io sapevo benissimo che quell'oggetto duro e fragile, ovale e gelatinoso, *era proprio la vita*. Pronti all'uso, accatastati nel minimo spazio come nella dispensa di un'astronave, al suo interno stavano tutti i programmi e tutti i materiali necessari per la straordinaria costruzione. Io sapevo che quell'oggetto era materia ed era informazione, ma che era anche potenzialmente spirito e destino. Avrebbe potuto svilupparsi in pulcino oppure, con piccole variazioni sul tema, in tartaruga, girino, verme, cavalletta, olmo, boleto, figlio di avvocato o di ingegnere o avrebbe potuto essere trasformato

106

in una gustosa frittata o in un ingrediente di una torta. Non c'era nessun destino intrinseco in quel programma con kit, non c'era eros negli RNA messaggeri accuratamente accatastati e non ancora tradotti nelle proteine di un organismo finito e coordinato.

Tutto era soltanto la fatale e logica conseguenza di un processo iniziato quattro miliardi di anni fa, negli oceani primordiali del nostro pianeta. A quei tempi, l'atmosfera non conteneva neppure piccole tracce di ossigeno, ma soltanto metano, idrogeno, ammoniaca, acqua e anidride carbonica. Questi composti, sotto l'azione dei raggi ultravioletti, delle scariche elettriche dei fulmini e del calore delle eruzioni vulcaniche, reagirono tra loro su larga scala e diedero luogo a numerosi altri composti più complessi; poi questi reagirono ancora gli uni con gli altri e formarono nuovi composti sempre più complicati finché, dopo molti milioni di anni di tentativi, dalle acque primordiali, non emerse qualcosa di straordinario: un composto chimico capace di usare la sua stessa struttura come stampo di riferimento per costruire un duplicato di se stesso.

La molecola era composta di tante unità chimiche elementari che si ripetevano come i vagoni di un treno e fornivano anche una sorta di messaggio leggibile nella sequenza degli elementi intercambiabili. Come dire: carrozze merci, carrozze di prima classe, carrozze di seconda classe, vagoni ristorante. Indicando questi quattro elementi con le lettere A, B, C, D, dovendo comporre un convoglio di soli quattro vagoni, potrei utilizzare solo A e scrivere AAAA oppure A, B e C scrivendo ABBC, ACBB, ABCA eccetera o ancora ABCD, ABDC, ACBD e così via per un totale di 256 combinazioni possibili.

In generale, avendo a disposizione un numero n di elementi per produrre oggetti composti da un numero k di unità elementari, il numero totale di specie di oggetti che si può ottenere è uguale a n^k: con quattro lettere dell'alfabeto, le possibili parole di quattro battute sono 256 (4x4x4x4), quelle di 12 battute salgono al rispettabile numero di 16.777.216 (quattro elevato alla dodicesima potenza); se le parole arrivano a essere composte da migliaia o milioni di battute, il loro numero diviene rapidamente sterminato.

Le molecole capaci di duplicarsi sono gli acidi nucleici, DNA (acido desossiribonucleico) e RNA (acido ribonucleico) che sono costruite proprio come i treni, mettendo in fila un elevato numero di unità elementari chiamate nucleotidi. Ogni nucleotide, a sua volta, è costruito mediante assemblaggio di tre composti chimici: uno zucchero a cinque atomi di carbonio (il ribosio nell'RNA, il desossiribosio nel DNA), un gruppo fosforico e una particolare molecola di un composto del carbonio noto con il nome di base azotata. Quest'ultimo tipo di composto è presente, in ogni tipo di acido nucleico, in quattro diverse versioni appartenenti a due diversi sottotipi che possono susseguirsi, nella lunga catena dei nucleotidi, con qualsiasi sequenza teoricamente possibile. Per inciso, le quattro basi sono adenina, timina, guanina e citosina nel DNA, adenina, uracile, guanina e citosina nell'RNA; pertanto, i due diversi tipi di acido nucleico differiscono tra loro anche per una delle quattro basi azotate.

In ogni molecola di acido nucleico sarà intrinsecamente contenuta una certa quantità di informazione derivante dalla particolare sequenza delle varie basi azotate presenti nei suoi nucleotidi. Per esempio, ATGGCTAATCGA indica una sequenza di dodici nucleotidi del DNA contenenti rispettivamente le basi adenina, timina, guanina, guanina etc., GCCUUAACGU indica una sequenza di dieci nucleotidi nella molecola dell'RNA, con le basi guanina, citosina, citosina, uracile, uracile etc.

Le molecole degli acidi nucleici, RNA e DNA, sono dotate di una caratteristica assolutamente singolare: a causa dei legami di idrogeno che si formano esclusivamente tra A e T (ovvero U nell'RNA) e rispettivamente tra C e G, esse sono in grado di usare la loro stessa sequenza di basi azotate come stampo di riferimento per effettuare operazioni di auto-duplicazione. Il DNA, chimicamente molto stabile, sta nel nucleo delle cellule e si duplica soltanto quando queste si moltiplicano dividendosi: è la forma in cui l'informazione viene conservata. L'RNA, che è costruito sulla base della sequenza del DNA, è invece decisamente meno stabile, sta nel citoplasma cellulare e rappresenta la forma operativa di acido nucleico, forse la prima che comparve nella storia della vita sul nostro pianeta. In pratica, quando la doppia elica del DNA si svolge, su ciascuno dei due filamenti complementari può essere costruito - mediante un gioco di attrazioni chimiche basato sul legame di idrogeno - un nuovo filamento complementare oppure un filamento operativo di RNA.

2. Acidi nucleici

Tutto iniziò nel nostro oceano primordiale dove le antiche molecole di paleo-acido nucleico dovevano duplicarsi. Parliamo di paleo-acido nucleico perché non possiamo avere la matematica certezza che la struttura delle più antiche molecole replicanti fosse identica a quella delle attuali, tuttavia abbiamo buoni motivi per credere che questo acido nucleico ancestrale fosse qualcosa di molto simile all'attuale RNA che in effetti è dotato di una straordinaria versatilità operativa: può fungere da messaggero di informazione (mRNA), da trasportatore di amminoacidi, (tRNA), da macchinario per la sintesi proteica (rRNA) e persino da catalizzatore di reazioni chimiche (nei cosiddetti ribozimi, trovati in alcuni protozoi ciliati). Tuttavia, per compiere l'operazione della sua stessa replicazione, l'antica molecola non aveva a sua disposizione ancora nulla del complesso apparato di appoggio di cui dispongono oggi i moderni acidi nucleici: una completa batteria di enzimi, catalizzatori specifici di natura proteica capaci di accelerare selettivamente le velocità di certe reazioni chimiche cioè, nel caso specifico, di accelerare le velocità dei processi di montaggio del filamento di DNA sul suo filamento complementare a partire dai nucleotidi che lo costituiscono.

Ai tempi dei paleo-acidi nucleici, gli enzimi proteici non esistevano ancora e ogni operazione di duplicazione, in assenza di essi, doveva essere compiuta in modo rudimentale e richiedeva certamente tempi molto lunghi. È possibile che i nucleotidi complementari dovessero essere reperiti ad uno ad uno in una straordinaria odissea e che il filamento di paleo-acido nucleico, dopo averli captati per mezzo di opportuni legami chimici deboli, se li mantenesse attaccati addosso per tempi molto lunghi, in attesa di completare la lunga operazione di raccolta e saldatura che avrebbe infine dato luogo a un nuovo filamento completo. Possiamo immaginare molti scenari chimici sul paleo-acido nucleico di quei lontani tempi ma probabilmente non potremo mai raccogliere prove certe per confermare l'uno o l'altro. Abbiamo tuttavia ottimi indizi del successivo stadio di evoluzione chimica dalla recente scoperta dell'esistenza dei cosiddetti *ribozimi*, catalizzatori biologici analoghi agli enzimi proteici ma interamente costituiti da nucleotidi dell'RNA invece che da amminoacidi.

Prima della messa a punto dei ribozimi, ogni operazione di duplicazione doveva essere semplicemente automatica, guidata dalle normali forze chimico-fisiche intrinseche alla struttura degli atomi e delle molecole e ovviamente, ogni sequenza di nucleotidi nel filamento di paleo-acido nucleico era assolutamente priva di qualsiasi senso, a parte quello intrinseco della sua identità di specie molecolare:

111

TAACGATTGGCTAA oppure CCGGTTAACCAATT o ancora TTTACCGGGATTTTAAAACGA.

Non possiamo sapere quali fossero le dimensioni di queste antiche molecole, anche se ci è possibile fare qualche illazione tenendo presente che la doppia elica del DNA dei più piccoli virus oggi esistenti contiene circa 2000 nucleotidi per filamento (nella specie umana, tale numero sale a 2 miliardi e 900 milioni).

Ora facciamo uno sforzo di fantasia e immaginiamo come si possa essere verificata la prima comparsa dei ribozimi: deve essere accaduto che un filamento dotato di una particolare sequenza, per qualche motivo particolare inerente alla sua stessa struttura, incominciasse a duplicarsi più rapidamente di tutti gli altri. Poteva trattarsi, per esempio, di un lungo filamento che si ripiegava più volte su se stesso con avvolgimenti di ordine superiore alla semplice spirale della doppia elica e che formava gomitoli dotati di particolari proprietà, derivanti dalla disposizione spaziale dei loro gruppi chimici funzionali. È evidente che una tale specie molecolare, ben presto, avrebbe potuto monopolizzare tutti i nucleotidi disponibili nel suo raggio di azione e li avrebbe usati tutti per produrre nuove copie di se stessa. Essa, perciò, sarebbe divenuta la specie molecolare di acido nucleico di gran lunga più comune.

Quale poteva essere il destino delle altre specie molecolari in una simile situazione di dura concorrenza? O rinunciare per sempre alla duplicazione e quindi andare incontro a una fatale estinzione, o avere la fortuna di subire una casuale modifica della propria struttura diventando capaci di duplicarsi ancora più rapidamente dei concorrenti o infine subire una modifica in una direzione ancora più decisa, diventando capaci di smontare altri filamenti di DNA per utilizzarne i nucleotidi a proprio vantaggio. Insomma, si può ipotizzare una vera e propria forma di *predazione chimica*.

La mutazione della struttura di un filamento di DNA è un evento casuale che richiede energia e che rappresenta una vera e propria reazione chimica. Per esempio, potrebbe accadere che, sotto l'azione dei raggi ultravioletti, un tratto di filamento di struttura CCGTAGGATCAGACT si spacchi nei tre pezzi CCGTA, GGATC, AGACT e che questi, successivamente, si risaldino fra di loro senza il pezzo centrale GGATC. Il risultato sarebbe un nuovo filamento di struttura CCGTAAGACT. Se ora, per un qualsiasi motivo, il filamento "mutato" riuscisse ad ottenere un successo maggiore di quello vecchio nelle operazioni di duplicazione, il gioco sarebbe fatto e questo rappresenterebbe il tipo più antico possibile di selezione naturale.

Oggi, la selezione naturale degli organismi viventi avviene esclusivamente sulla base delle loro caratteristiche anatomiche, fisiologiche e di comportamento, in pratica sulla base delle caratteristiche operative delle loro proteine e non del DNA o dell'RNA (almeno non direttamente, dato che la struttura delle proteine è determinata comunque da quella degli acidi nucleici). Tuttavia, quando ancora non esisteva

113

nessuna relazione tra proteine e acidi nucleici, è probabile che le cose andassero diversamente. Del resto, abbiamo già visto che la potenziale capacità degli acidi nucleici di compiere operazioni chimiche determinate e persino catalizzare reazioni è ormai fuori discussione.

Perciò, è possibile pensare a un primitivo oceano popolato da paleo-acidi nucleici capaci di catalizzare in modo abbastanza efficiente la loro stessa replicazione e anche lo smontaggio di altri replicanti. Per molto tempo, questa selezione di specie chimiche potrebbe essere stata l'unica esistente sul pianeta. Poi, un giorno, la lotta per l'accaparramento di nucleotidi dovette sfociare in qualcosa di nuovo e straordinario: l'invenzione di armi chimiche e precisamente di armi proteiche, proteine catalitiche dette anche enzimi e proteine strutturali.

Le proteine sono composti completamente diversi dagli acidi nucleici ma con essi presentano una analogia strutturale: sono anch'esse *polimeri*, cioè composti formati da unità elementari unite tra loro come i vagoni di un treno; in questo caso, però, le unità elementari non sono più i nucleotidi bensì gli amminoacidi di cui, negli organismi viventi, si trovano addirittura venti specie diverse.

Una proteina, dunque, così come un DNA o un RNA, è un lungo filamento con una ben determinata sequenza di unità elementari o monomeriche e con una ben determinata struttura di ordine superiore (secondaria, terziaria e quaternaria) derivante dalle caratteristiche di avvolgimento della sua lunga molecola; però, mentre gli acidi nucleici sono filamenti replicanti, le proteine non sono dotate di questa straordinaria proprietà: su una proteina non è possibile costruire nè una proteina identica, nè una proteina complementare che funga da negativo per la costruzione di un nuovo filamento proteico; pertanto, una proteina non ha, in se stessa, alcun contenuto di informazione ma riflette semplicemente il contenuto di informazione che le proviene dall'esterno. In altre parole, se noi troviamo mille molecole di una determinata proteina, ciascuna costituita da migliaia di amminoacidi che si susseguono sempre con la stessa identica sequenza, poiché sappiamo che non può esistere un sistema di replicazione di queste molecole, dobbiamo pensare che esse siano state prodotte in serie utilizzando informazione contenuta altrove. E dove, se non negli acidi nucleici?

3. Codice

Come è possibile che gli acidi nucleici possano codificare le strutture delle proteine? Quale corrispondenza può esistere tra un sistema dotato di sole quattro possibili unità elementari e un altro sistema in cui le unità elementari sono addirittura venti? Come può essere possibile instaurare una comunicazione di tipo chimico tra due classi di composti che, di per se stessi, non possono instaurare legami deboli reciproci di stabilità paragonabile a quella dei legami tra basi complementari del DNA?

Per rispondere almeno per grandi linee alla prima di queste domande, dobbiamo soffermarci in qualche riflessione sui sistemi possibili di codificazione: è evidente che quattro sole specie di nucleotidi dell'RNA, prese una alla volta, potrebbero codificare soltanto quattro specie di amminoacidi e che pertanto il sistema di codificazione degli amminoacidi per mezzo dei nucleotidi non può essere di questo tipo; se prendiamo i quattro nucleotidi a due a due, abbiamo un totale di combinazioni possibili pari a quattro alla seconda potenza, cioè sedici; un numero nuovamente insufficiente per venti amminoacidi.

Prendendo i quattro nucleotidi a tre a tre, arriviamo a un numero di combinazioni pari a quattro alla terza potenza, cioè 64: questa volta ce n'è addirittura in notevole eccesso rispetto al fabbisogno ma questo, evidentemente, non è un problema; infatti, è perfettamente concepibile che alcune combinazioni (essendo costituite da tre nucleotidi, sono state denominate *triplette*) siano prive di senso e che, d'altra parte, alcuni amminoacidi possano essere codificati anche da più di una tripletta.

Con opportune tecniche e con eleganti esperimenti, i moderni biologi molecolari sono riusciti a confermare questa ipotesi e anche a decifrare completamente tutte le 64 corrispondenze che altro non rappresentano se non il cosiddetto *codice genetico*, cioè la corrispondenza di una catena di triplette con una catena proteica.

UUU = Phe	UCU = Ser	UAU = Tyr	UGU = Cys
UUC = Phe	UCC = Ser	UAC = Tyr	UGC = Cys
UUA = Leu	UCA = Ser	UAA = -	UGA = -
UUG = Leu	UCG = Ser	UAG = -	UGG = Trp
CUU = Leu	CCU = Pro	CAU = Hys	CGU = Arg
CUC = Leu	CCC = Pro	CAC = Hys	CGC = Arg
CUA = Leu	CCA = Pro	CAA = Gln	CGA = Arg
CUG = Leu	CCG = Pro	CAG = Gln	CGG = Arg
AUU = Ile	ACU = Thr	AAU = Asn	AGU = Ser
AUC = Ile	ACC = Thr	AAC = Asn	AGC = Ser
AUA = Ile	ACA = Thr	AAA = Lys	AGA = Arg
AUG = Met	ACG = Thr	AAG = Lys	AGG = Arg
GUU = Val	GCU = Ala	GAU = Asp	GGU = Gly
GUC = Val	GCC = Ala	GAC = Asp	GGC = Gly
GUA = Val	GCA = Ala	GAA = Glu	GGA = Gly
GUG = Val	GCG = Ala	GAG = Glu	GGG = Gly

In questo sistema, gli amminoacidi codificati in modo univoco da un'unica tripletta sono soltanto due, il triptofano (Trp) e la metionina (Met); tutti gli altri sono codificati da un minimo di due fino a un massimo di sei triplette diverse. Alcune triplette non corrispondono a nessun amminoacido e servono semplicemente come segnale di stop, cioè per battere uno spazio tra una parola e l'altra. Ciò equivale a comunicare che alla catena proteica già ottenuta non debbono essere più aggiunti altri amminoacidi. Dunque, il sistema di codificazione è a tre nucleotidi per ogni amminoacido. Ma come è possibile il "riconoscimento" di una specie molecolare da parte di un'altra specie molecolare di natura completamente diversa?

4. Eros

Le funzioni dei due differenti tipi di acido nucleico, DNA e RNA, sono molto diverse: mentre il DNA rimane sempre confinato nel nucleo della cellula limitandosi a immagazzinare l'informazione relativa alla sintesi delle proteine; l'RNA entra in scena quando si deve effettivamente procedere alla sintesi; allora il DNA viene *trascritto* in forma di RNA, il tipo di acido nucleico capace di uscire dal nucleo e di partecipare, come protagonista essenziale, alla sintesi proteica. Ciò risulta possibile poiché le differenze tra i due tipi di acido nucleico sono tanto piccole da consentire di usare un filamento di DNA come stampo per costruire la catena di RNA; l'unica condizione necessaria è di sostituire il ribosio al desossiribosio e la base denominata uracile a quella denominata timina.

Pur essendo sempre ottenuto per mezzo della trascrizione del DNA, l'RNA può presentare tre diversi tipi di organizzazione che corrispondono a tre diverse funzioni nel macchinario della sintesi proteica: può essere messaggero, di trasporto, ribosomiale. Il primo (m-RNA) è semplicemente il lungo nastro che porta le informazioni strutturali necessarie per costruire la proteina; il secondo (r-RNA) è un costituente dei *ribosomi*, marchingegni strutturali che servono a effettuare con assoluta precisione alcune operazioni fondamentali relative alla sintesi; il terzo (t-RNA), infine, è il "trasportatore" che ha la funzione di legare gli amminoacidi e di portarli nella loro posizione finale.

Le molecole dei vari t-RNA conosciuti - da una a sei per ogni amminoacido - hanno tipicamente una struttura spaziale a forma di trifoglio. Sul "gambo" e, rispettivamente, su una delle tre foglie si trovano due siti di fondamentale importanza: quello che lega l'amminoacido e quello, all'estremità opposta, che riconosce e lega la tripletta di basi azotate situata sull'RNA messaggero. Il riconoscimento di quest'ultima avviene nel modo più semplice possibile e cioè per mezzo di una tripletta di basi complementari che viene indicata con il nome di *anticodone* (una cattiva traduzione dall'inglese *anticodon* che significa anti-codice e cioè codice complementare). Pertanto, la chiave di lettura del codice genetico non è inerente alle proprietà stesse degli atomi e delle molecole, ma deriva semplicemente dal casuale abbinamento, che si verificò nel corso della evoluzione, tra anticodon e amminoacido legato all'interno della stessa molecola di RNA trasportatore. In teoria, tale abbinamento sarebbe potuto anche essere del tutto diverso e in tal caso anche la lettura delle triplette sarebbe stata del tutto diversa.

Tuttavia, il fatto che il codice genetico sia sempre rimasto essenzialmente uguale in tutti gli organismi indica che il funzionamento di tutto il meccanismo è talmente complesso da escludere quasi del tutto la possibilità di revisioni e di nuove messe a punto: gli organismi che, nel corso dell'evoluzione, subirono eventuali mutazioni che implicavano modifiche del codice, finirono semplicemente per scomparire.

La trascrizione del DNA nei diversi tipi di RNA e la successiva traduzione dell'm-RNA in proteine è un processo imponente, a cui partecipano numerosi enzimi e anche strutture biologiche peculiari come i ribosomi. Tale processo, come la massima parte delle reazioni chimiche, non può avvenire se non in soluzione e oggi, in natura, avviene esclusivamente all'interno di cellule viventi. È difficile immaginare che cosa possa essere accaduto nei primi stadi, come si siano potute realizzare le prime proteine enzimatiche e strutturali in assenza di enzimi e di strutture. Certo, furono realizzate, furono anche messe in condizione di funzionare e fornirono un enorme vantaggio agli acidi nucleici che erano stati capaci di codificarle. Da quel momento, le possibili sequenze di nucleotidi non furono più tutte uguali ma, tra di esse, incominciò ad instaurarsi una fondamentale differenza: alcune sequenze, che possiamo ormai definire *geni*, codificavano proteine funzionali utili per aumentare la velocità della propria duplicazione e per diminuire la probabilità di venire smontati e distrutti, altre sequenze, invece, non codificavano nulla ma continuavano a duplicarsi

120

usufruendo delle proteine prodotte dalle sequenze codificanti; tra queste ultime, chi riuscì a codificare strutture più avanzate, più complicate, più efficienti, poté anche duplicarsi in modo più massiccio.

La concorrenza, però, non si fermò, né avrebbe potuto mai fermarsi perché non esiste in tutto l'universo un sistema che possa essere considerato indefinitamente stabile: prima o poi, interviene inevitabilmente qualche perturbazione e, sulle catene dei geni, le perturbazioni si chiamano mutazioni; alcune mutazioni tendono a diminuire il significato funzionale di una sequenza di nucleotidi, altre tendono invece ad aumentarlo: le prime possono avviare verso il declino e l'estinzione geni che, fino a quel momento, erano riusciti a duplicarsi egregiamente, le seconde possono aumentare il successo di duplicazione di geni che, fino a quel momento, non erano mai riusciti a diventare davvero numerosi. Si giunge così a un punto-chiave su cui è necessario riflettere: la probabilità che una singola mutazione casuale possa portare a un improvviso miglioramento di una struttura o di una funzione già messe a punto in precedenza è molto bassa; molto più probabile è che, andando a toccare in modo grossolano meccanismi sensibili e delicati, l'unico effetto risultante sia quello di provocare gravi guasti. Per tale motivo, in informatica, nessuno si può permettere di conservare una sola copia di un programma essenziale per il funzionamento di un sistema; infatti, in caso di distruzione, di danneggiamento o di modifiche di lavoro che si rivelassero poi indesiderabili, l'intero sistema verrebbe irreparabilmente messo fuori uso.

La prima cosa da fare, se si ha un dischetto pieno di informazioni utili, è di farne una copia o perlomeno conservare alcuni files fondamentali di ricambio. I sistemi viventi impararono molto presto a mettere in pratica un'analoga precauzione inventando il processo della *coniugazione*: un modo per sostituire i geni difettosi e per conservarne almeno alcuni in doppia copia.

Chi avrebbe mai potuto immaginare che un banale processo di riparazione e archiviazione di geni sarebbe sfociato nella nascita dell'eros?

5. Gamia

Quattro miliardi di anni fa, - centinaio di milioni di anni più o meno - i geni avevano già realizzato almeno i modelli più semplici di quelle che Richard Dawkins ha definito le loro *macchine di sopravvivenza*. Erano divenuti capaci di codificare centinaia di proteine diverse che, una volta costruite, potevano auto-organizzarsi andando a formare vere e proprie unità di difesa e di azione collettiva, chiuse e delimitate da membrane costituite in prevalenza da sostanze grasse. In questi microcosmi sferoidali, del diametro di 1-5 millesimi di millimetro, l'attività era ormai frenetica e comprendeva non soltanto la duplicazione dei geni e il montaggio delle varie strutture proteiche codificate, ma anche la raccolta di una grande quantità di sostanze organiche e il loro immagazzinaggio come materiale di riserva e come combustibile: zuccheri, grassi e nucleotidi specializzati a fornire energia o materiali speciali da costruzione.

I geni erano tutti riuniti in un unico, lunghissimo filamento di DNA che se ne stava bene al riparo all'interno dello spazio delimitato dalla membrana cellulare e, attraverso le operazioni di trascrizione in RNA, dirigeva tutto il lavoro di quella primitiva cellula batterica. Con la traduzione dell'RNA in proteine e con il metabolismo della cellula risultante dall'assemblaggio dei numerosi pezzi prodotti, era iniziata la vita vera e propria, così come i biologi hanno tentato di definirla.

In una cellula, ogni eventuale danno alle proteine è, in linea di principio, perfettamente riparabile per mezzo di un opportuno intervento di trascrizione e traduzione a partire dal DNA; al contrario, ogni eventuale danno al DNA è definitivo e irrimediabile: se i piani di costruzione risultano alterati, anche la costruzione finale lo sarà.

A meno che le cellule non abbiano già inventato il processo della sostituzione dei geni e non abbiano già iniziato a effettuare coniugazioni o qualcosa del genere a tutto vantaggio della stabilità dell'informazione. Fu proprio così che, nella notte dei tempi, l'eros venne a soccorso del gene.

A quei tempi, la vita era ormai organizzata su tutta la Terra in vere e proprie unità capaci di mantenere la propria organizzazione, contro le eventuali aggressioni provenienti dall'ambiente esterno, per mezzo di una serie di attività metaboliche. Tali unità erano cellule procariotiche analoghe a quelle degli attuali batteri, minuscole scatolette del diametro di un millesimo di millimetro, dotate di alcune centinaia di proteine diverse, sia strutturali, sia enzimatiche, delimitate da una membrana lipidica e codificate in un unico filamento di DNA circolare fluttuante nel loro interno.

In quel filamento, in copia unica in ciascuna cellula, era contenuta tutta l'informazione per la costruzione delle varie proteine e, di conseguenza, dell'intera struttura; perciò, la sua integrità era di eccezionale importanza, incomparabilmente maggiore di quella di qualsiasi struttura proteica che, una volta danneggiata, poteva facilmente venire ricostruita con un rapido processo di trascrizione e traduzione del DNA: qualsiasi danneggiamento delle strutture rappresentava un inconveniente modesto ma un eventuale danneggiamento dei piani era la morte certa.

Per colmo di sfortuna, a quei tempi, i danneggiamenti del DNA dei primitivi batteri dovevano essere all'ordine del giorno: non solo nessuna cellula era ancora dotata dell'involucro protettivo della membrana nucleare ma su tutta la superficie della Terra giungevano in grande quantità i raggi ultravioletti dato che, nell'alta atmosfera, non esisteva ancora lo strato di ozono che oggi è in grado di arrestarli.

Che cosa poteva fare una cellula batterica in queste disgraziate circostanze? Ebbene, se proprio non era in alcun modo possibile evitare i danneggiamenti, era almeno necessario mettersi in grado di effettuare le indispensabili riparazioni in modo rapido ed efficiente: se la catena del DNA si spezzava, bisognava riattaccarla e, se una o più basi azotate subivano modificazioni rendendo inservibile il corrispondente gene, bisognava staccare il pezzo difettoso e sostituirlo con un pezzo di ricambio nuovo di zecca.

Operazioni di questo tipo non hanno, in se stesse, nulla di straordinario e si possono compiere abbastanza agevolmente con l'aiuto di un paio di enzimi specifici, una DNAasi che sia in grado di tagliare la catena in corrispondenza di siti ben determinati e una DNA-ligasi che sia in grado di risaldarla fissando il pezzo di ricambio.

Tagliare e saldare sono operazioni fondamentali per la manutenzione ordinaria, ma lo sono anche per ogni tipo di modifica e di elaborazione: quando si dispone della tecnologia per poter compiere con facilità queste semplici operazioni, è sempre possibile usarla per nuovi scopi. Per esempio, qualora risultasse impossibile reperire il ricambio originale, se ne potrebbe utilizzare un altro leggermente diverso, oppure si potrebbe sostituire un tratto di catena ancora perfettamente funzionale con un nuovo pezzo che, in determinate circostanze, potrebbe addirittura rivelarsi più adatto di quello vecchio.

In una popolazione di batteri che non siano tutti rigorosamente identici tra loro, poteva quindi risultare molto utile incominciare a praticare un sistema di scambi di geni: duplicazione della propria catena di DNA e trasferimento del duplicato, in tutto o in parte, a un altro batterio che non dava nulla in cambio ma che era pronto a ricevere di buon grado un regalo. Questa operazione viene praticata ancora oggi dai moderni batteri e viene chiamata *coniugazione*. Essa viene iniziata da certi particolari batteri che vengono generalmente indicati con un segno (+), dotati di un gene in grado di costruire un ponte di citoplasma mettendo così in collegamento la propria cellula con quella di un altro batterio incapace di questa prestazione e contrassegnato perciò con segno (-). Attraverso il ponte, scorre a poco a poco la catena di DNA, ma è sufficiente un piccolo urto meccanico perché il ponte si spezzi e il processo si interrompa prima che il trasferimento della catena sia stato completato. Ad ogni modo, gli effetti del passaggio possono risultare immediatamente evidenti: se il pezzo che è passato contiene il gene (+), i batteri (-) diventano (+) e, da quel momento in poi, saranno capaci essi stessi di iniziare il processo di coniugazione.

La coniugazione non sarebbe possibile senza gli enzimi di taglio e saldatura messi a punto miliardi di anni fa per la difesa contro i raggi ultravioletti e non si sarebbe certamente conservata per un tempo tanto lungo se non fosse risultata utile a chi la pratica.

Che vantaggio ci può essere nell'elargizione di un pezzo di DNA? Per un batterio è difficile vederne, ma per il DNA elargito c'è l'obiettiva possibilità di continuare a esistere in due copie uguali e distinte invece che in una sola. E poi in quattro copie, otto copie e così via. A un batterio potrebbe anche non importare nulla di praticare la coniugazione ma, se invece gli importa e se riesce anche a farlo, è oggettivamente e fatalmente destinato a diffondere a macchia d'olio la sua singolare tendenza.

È una specie di catena di S. Antonio: chi riceve il gene (+), riceve anche la tendenza a produrne nuove copie e a donarle; invece, chi riceve altri geni diversi dal gene (+), non potrà donarli a sua volta finché non riceverà il gene cruciale (+), ma potrà pur sempre diffonderli integrandoli nel suo genoma e duplicandoli ogni volta che si riproduce dividendosi in due batteri.

Il gene (+) si comporta come un autentico morbo che dilaga come un'epidemia contagiando a cascata intere popolazioni di batteri: organismi microscopici che non avevano mai conosciuto il rimescolamento genetico vengono così introdotti alle sue pratiche e letteralmente sedotti dal suo desiderio. La donazione di geni non è produzione di nuove copie, non è riproduzione; per definizione, essa è sessualità. Sessualità è scambio di geni, riproduzione è copiatura: dunque, si tratta di due processi completamente diversi e, nei batteri, anche completamente distinti.

Sessualità è ricombinazione, rinnovamento, avventura. Ammettiamo che un certo batterio A sia dotato della capacità di resistere fino a una temperatura di settanta gradi centigradi ma sia invece molto vulnerabile alla siccità; un altro batterio B è invece capace di incistarsi in una capsula resistente se manca l'acqua ma viene distrutto dal calore a una temperatura di poco superiore ai cinquanta gradi. Ora, se A e B riescono a combinare le loro migliori prestazioni per mezzo della coniugazione, essi riusciranno a produrre un nuovo ceppo di super-batteri resistenti sia al calore sia alla siccità.

La ricombinazione fu quasi certamente soltanto uno dei molti sistemi che gli antichi batteri dovettero mettere a punto per fronteggiare la minaccia delle radiazioni ultraviolette. Un altro possibile metodo era la produzione di spore, cioè di piccole cisti vegetative contenenti l'intero patrimonio genetico del batterio che le produce e capaci di subire un regolare processo di sviluppo, andando a formare un nuovo batterio identico a quello di origine. Le spore sono resistenti al calore, alla siccità, alle radiazioni e ad altri tipi di minaccia e possono ritardare la loro "germinazione" fino al momento in cui non trovano condizioni favorevoli o perlomeno non riescono a schermarsi con uno strato di acqua, di materiale organico morto o di sostanze in soluzione o in sospensione che siano capaci di assorbire e fermare le micidiali radiazioni.

Si potrebbe dire che prevenire è meglio che curare ma si può essere certi che la migliore difesa possibile si ha quando si dispone sia di adatte strategie di prevenzione, sia di efficienti mezzi di cura. È stato trovato, per esempio, che i Cianobatteri dispongono di almeno cinque diversi processi enzimatici per riparare i danni provocati dalle radiazioni ultraviolette. Quattro di questi funzionano benissimo anche al buio mentre il quinto, la cosiddetta fotoriattivazione, richiede l'energia della luce visibile. Questo sistema di riattivazione è decisamente tra i più importanti: in molti casi, i batteri esposti a radiazioni ultraviolette possono ancora guarire e sopravvivere se, subito dopo avere subito il danno, vengono mantenuti alla luce visibile per consentire il processo di fotoriattivazione; se, invece, vengono posti al buio, muoiono.

Resta comunque il fatto che prevenire è meglio che curare. Pertanto, per evitare disastri ancora prima che questi potessero verificarsi, si delineò anche un altro sistema che, a ben guardare, rappresentava un perfezionamento nonché un'estremizzazione della coniugazione: la fusione di due cellule della stessa specie, aventi un patrimonio genetico omologo, a formarne una sola con un patrimonio genetico doppio. In questo modo, se una delle due copie fosse risultata danneggiata, la sopravvivenza dell'individuo sarebbe stata comunque assicurata dalla presenza della seconda copia ancora intatta. Questo processo di fusione di due cellule in una sola con annessa fusione di due nuclei cellulari in uno solo viene chiamato *gamia*. Esso è alla base della sessualità di tutti gli organismi eucarioti, vale a dire di tutti gli organismi costituiti da cellule dotate di compartimenti e organelli, una gamma vastissima di viventi che va dai protozoi e le alghe fino agli animali, le piante e i funghi.

L'invenzione del processo di gamia comporta, come inevitabile conseguenza, anche l'invenzione del processo opposto, cioè quello del dimezzamento delle cellule a patrimonio genetico doppio in cellule a patrimonio genetico singolo. Questo processo, universale tra le cellule eucariote, viene chiamato di *meiosi*. Non è possibile effettuare molti processi di gamia senza meiosi per un motivo molto semplice: se dopo il primo processo, il risultato è una cellula a patrimonio genetico doppio (diploide), dopo un secondo analogo processo di due cellule diploidi, il patrimonio genetico diventerebbe quadruplo, poi ottuplo e via dicendo. In poche generazioni, ogni cellula risulterebbe dotata di un'enorme quantità di copie omologhe del proprio programma di costruzione, con immensi problemi di stoccaggio di questo materiale nonché di coordinamento della sua espressione. Per esempio, è noto che le piante cosiddette poliploidi (con patrimonio genetico quadruplo o ottuplo) tendono ad avere foglie enormi, inadatte a climi che non siano molto caldi e umidi.

Con la meiosi, la cellula doppia si ridivide in cellule singole, ma non nelle due originarie bensì in un prodotto di rimescolamento dei geni come in un mazzo di carte. Ne vengono fuori non semplicemente cellule singole ma anche cellule con nuove combinazioni dei geni esistenti. In questo modo si formano sia i gameti (uova e spermatozoi) degli animali, sia le spore delle piante. Il successivo processo di gamia avverrà in occasione dell'accoppiamento e darà luogo alla prima cellula di un nuovo organismo a cellule doppie (zigote).

130

Come può essersi originato il processo della gamia? Alcuni biologi ritengono che la fusione di due cellule a formarne una sola potrebbe costituire una soluzione inattesa di un'azione di tentato cannibalismo. Le cellule più grosse potrebbero aver tentato di inglobarne e consumarne altre più piccole ma poi, una volta riuscite nella prima fase dell'operazione, potrebbero aver constatato che era molto meglio mantenere intatta la nuova copia del patrimonio genetico della propria specie piuttosto che digerirla e usarne soltanto i pezzi. Fu così che, a livello di cellula, si verificò per la prima volta quello che più tardi sarebbe anche accaduto a livello di individuo: un'aggressione opportunista e cannibalesca fu trasformata in una fusione cooperativa. Fu così che si originò il sesso, in bilico tra uno sfrenato egoismo consumatorio e un folle altruismo di auto-immolazione sull'altare della gamia.

6. Filamenti.

Nei loro momenti difficili, gli uomini stanchi e amareggiati si domandano spesso che senso abbia la vita. Ebbene, la risposta più ragionevole è che tutto il senso dell'esistenza di qualsiasi organismo vivente sta semplicemente nel servizio che esso compie per la duplicazione del suo DNA. Secondo il punto di vista di Richard Dawkins, non è l'organismo vivente che ha un senso compiuto ma solo il DNA avvolto a gomitolo nel nucleo delle sue cellule. È questo, secondo lui, la vera

131

unità che ha in se stessa la capacità e il senso della sua duplicazione; un senso, si badi bene, che – per rimanere nell'ambito della scienza – non può essere di carattere metafisico ma semplicemente chimico. Ogni filamento di DNA può e deve produrre il suo filamento complementare con un meccanismo a incastro basato sul legame di idrogeno. La duplicazione di questo filamento è l'unica vera riproduzione. La cosiddetta riproduzione sessuale è un'altra cosa più complessa e anche più ambigua: è duplicazione parziale di DNA di due individui diversi con rimescolamento di carte. È copiatura di pezzi di quaderno con scambio di fogli, è compromesso tra due genomi diversi che accettano di limitare la libertà assoluta della copiatura di se stessi a vantaggio del bene comune: doppia informazione in forme identiche o alternative per assicurare la sostanziale innocuità di eventuali mutazioni.

Io ho un filamento da duplicare, tu ne hai un altro. Il mio filamento è vulnerabile alle mutazioni e il tuo non è immune da questo pericolo. Se mettiamo insieme i due filamenti stipuliamo una specie di assicurazione contro gli incidenti ma, d'altra parte, creiamo un problema di stoccaggio: non si potrà duplicare tutto quanto il DNA tuo e mio perchè altrimenti, in poche generazioni, la quantità di DNA da gestire diventerebbe tanto grande da creare enormi problemi. Per esempio, non troverebbe spazio sufficiente nel nucleo cellulare che invece è un'ottima sede che consente il collegamento informatico tra DNA e proteine. Insomma, l'unica soluzione è il compromesso: ogni volta che si va alla duplicazione del nostro DNA, io rinuncio al cinquanta per cento del mio e tu fai la stessa cosa col tuo. In questo modo potremo conservare la doppia copia anti-mutazione senza andare incontro a problemi di sorta. Il nostro sacrificio di DNA potrà essere ampiamente ricompensato se produrremo un gran numero di copie e se sceglieremo volta per volta, per la duplicazione, una parte diversa del nostro DNA.

Questa è la riproduzione sessuale: è cooperazione con sacrificio personale, ma con vantaggio reciproco; è assicurazione contro il disastro sempre incombente di una mutazione letale; è strategia contro l'invadenza e la determinazione degli altri replicanti concorrenti, è rinuncia a una parte della propria individualità a favore di quella altrui: tu sei un filamento diverso da me; io dovrei cercare di impedire la tua duplicazione, anzi dovrei cercare di smontarti, nucleotide su nucleotide, per usare i tuoi pezzi a mio esclusivo vantaggio; ma se facessi tutto ciò, non potrei usare a mio vantaggio la tua personale individualità che mi assicura un salvagente in caso di mutazione. Insomma, potrei mangiarti ma poi sarei in pericolo di morte. Per questo non lo farò e accetterò invece di cooperare con te e addirittura di perdere metà di me stesso ogni volta che vorrò duplicarmi.

Tutto il DNA presente nel nucleo della cellula viene duplicato ogni volta che questa subisce mitosi, dividendosi in due in un processo senza connotazioni sessuali; d'altra parte, solo metà del DNA nucleare si ritrova nelle cellule-figlie al termine del processo sessuale di meiosi: la trascrizione egoista è totale, quella contrattata è al cinquanta per cento. Può sembrare poco ma è pur sempre moltissimo in confronto con la quantità di DNA che viene tradotta in proteine: poco, pochissimo in confronto con tutto quello che se ne sta ammassato nel nucleo della cellula senza altro scopo che quello di duplicare se stesso. Chiara dimostrazione, secondo Dawkins, dei rapporti gerarchici tra diverse entità chimiche: per lui, sono le proteine al servizio del DNA e non viceversa; sono gli organismi una costruzione estemporanea atta a duplicare il DNA che si portano dentro, e non questo il sistema di informazione per costruire gli organismi.

7. Lotte di spermi

Certo, gli organismi – anche se fossero davvero prodotti derivati e nulla di più – avrebbero pur sempre la loro importanza dato che qualche volta possono persino giocare brutti scherzi al DNA che rappresentano. È il loro comportamento che determina il destino del DNA, e al DNA non è sempre possibile di esercitare un controllo diretto sul comportamento degli organismi, che è un prodotto complesso, dipendente da numerosi fattori.

Per esempio, se il signor Tizio non fosse una persona gelosa e non gli interessasse che la sua donna intrattenesse rapporti sessuali con altri, è evidente che la conseguenza di

134

questo suo comportamento sarebbe una diminuzione della sua certezza di paternità. In ultima analisi, la probabilità del signor Tizio di lasciare prole sarebbe meno elevata di quella di altri uomini che invece impedissero attivamente alla propria donna di avere relazioni extra-coniugali; col tempo questo porterebbe a una rarefazione dei geni "tipo Tizio" nella popolazione, ma poiché da quei geni dipende, in ultima analisi, anche il comportamento non geloso di Roberto, si noterebbe anche una rarefazione di questo comportamento. Chi volesse fare il bene degli altri senza contropartite per se stesso, otterrebbe un risultato letteralmente disastroso per il proprio DNA, cioè per la propria stirpe. Ecco perché l'altruismo senza contropartite non esiste in natura.

Tutti gli animali e le piante prendono molto seriamente il loro ruolo di custodi del proprio DNA: è questo il senso della selezione sessuale e della cosiddetta "gelosia" che sembra agire non soltanto nella nostra specie. Gli esempi di questi comportamenti in natura sono talmente numerosi da suggerire di selezionarne soltanto alcuni particolarmente clamorosi.

Una forma impressionante ma, al tempo stesso, di natura piuttosto pacifica di "gelosia" è quella della cosiddetta competizione degli spermi: se c'è il rischio che la mia partner abbia avuto un rapporto sessuale con un altro maschio, allora dovrò avere molti rapporti con lei per inondarla di sperma e minimizzare il rischio che possa partorire un figlio non mio. È questo il senso delle frequenti e lunghe copule che si verificano tra molti uccelli che nidificano in colonia, per esempio i pappagallini inseparabili africani *(Agapornis)* o le rondini riparie *(Riparia riparia)*. Se qualcosa di indesiderabile fosse già accaduto, ebbene allora si dovrebbe fare tutto il possibile per ridurre al minimo la probabilità di una paternità indesiderata.

In alcuni casi, prima della copula, il maschio cerca concretamente di "lavare l'onta" eliminando l'eventuale sperma degli altri maschi. Il maschio di un uccelletto europeo delle siepi, la passera scopaiola *(Prunella modularis)*, stimola ripetutamente con il becco la regione cloacale della femmina prima dell'accoppiamento. In risposta a questa stimolazione, la femmina emette goccioline di liquido che talvolta contengono sperma di altri maschi. Le libellule *Calopteryx* fanno anche di più dato che i maschi dispongono addirittura di un pene a spazzola con il quale possono "ripulire" il tratto sessuale femminile al 90-100% da altri eventuali spermi prima di depositarvi i loro. La stessa cosa fanno anche alcuni squali che sono in grado di "lavare" il tratto sessuale femminile con un getto di liquido sotto pressione prima di procedere all'introduzione dei propri spermi.

Nel nostro più prossimo parente scimmiesco, lo scimpanzé *(Pan troglodytes)*, la struttura sociale non prevede la formazione di coppie fisse e pertanto la competizione spermatica costituisce un autentico *modus vivendi* all'interno dei gruppi. Come conseguenza di questa situazione, i testicoli dei maschi di scimpanzé sono, in proporzione, molto più grossi di quelli umani. Infatti, testicoli più grossi significa maggiore produzione di sperma e quindi anche maggiore probabilità di vincere la competizione spermatica e lasciare una numerosa discendenza dotata di grossi testicoli votata, a sua volta, a vincere.

In altri casi, la competizione di spermi va anche oltre la fecondazione e diventa provocato aborto o addirittura infanticidio: un maschio estraneo di topo può provocare, con il suo solo odore, l'aborto di una femmina ingravidata da un altro topo; un maschio di leone fa anche di più e, nel caso in cui riesca a sostituire un altro maschio cacciandolo via da un territorio, uccide direttamente i piccoli già nati e, poco dopo, si accoppia con le femmine che, evidentemente, hanno già dimenticato il suo assassinio. In questo modo blocca la diffusione del DNA altrui e favorisce quella del proprio. La pratica dell'infanticidio è più diffusa di quanto una persona media non possa ritenere e la maggior parte degli etologi è ormai convinta che essa, per quanto orribile ai nostri occhi, contribuisca alla diffusione del DNA di chi la mette in atto. Del resto, non mancano davvero le testimonianze che confermano che essa possa costituire un'alternativa concreta di comportamento anche per la nostra specie, per esempio durante le guerre. Nel racconto di Virgilio dell'invasione di Troia, il figlio di Achille, Neottolemo, uccide il figlio neonato di Ecuba e dell'ormai defunto Ettore scagliandolo da una finestra e ne fa schiava la madre, con il tacito programma di rendersi responsabile di una sua nuova gravidanza.

137

Nella cronaca nera di diversi paesi moderni (per esempio in quella americana) si sono riscontrati vari casi di infanticidio anche di due o tre figli da parte di madri che si erano trovate un nuovo compagno che non gradiva la presenza dei bambini. In questo caso, il maschio sfrutta la buona disposizione della nuova compagna nei suoi confronti per convincerla dell'opportunità di abbandonare del tutto un investimento genetico in cui egli non è coinvolto e di intraprenderne invece uno nuovo. Beninteso, la fredda analisi etologica di questi fatti di cronaca nulla toglie al giudizio legale, morale nonché anche a quello psichiatrico nei confronti dei loro sciagurati protagonisti.

8. Sesso debole.

In tutte queste vicende, il sesso "debole" è, in realtà, quello maschile che deve mettere in atto corteggiamenti insistenti, espedienti grotteschi, scontri feroci e persino delitti orribili per riuscire a emergere in una accanita competizione sessuale. Il problema è del maschio e non della femmina perché il maschio produce milioni di spermatozoi - pacchetti di DNA alla ventura - mentre la femmina produce solo un numero molto limitato di uova, DNA raro e prezioso anche perché corredato - nelle uova - da una gran quantità di sostanze utili per costruire un nuovo organismo. In definitiva, la femmina ha già fatto quasi tutto da sola per dar luogo a una nuova generazione e l'apporto del DNA del maschio le servirà soltanto per ricostituire la duplicità del patrimonio genetico dei suoi discendenti. Un buon motivo per accoppiarsi, ma non un motivo sufficiente per concedersi al primo maschio che capita senza pensare molto bene a ciò che sta per fare. Dopo tutto, per un maschio ogni accoppiamento in più sarà una concreta occasione di aumentare numericamente la propria progenie mentre per una femmina potrebbe addirittura rappresentare un rischio di aborto o di infanticidio. È per questo motivo che, in natura, i sistemi poliginici (accoppiamento di un maschio con più femmine) sono nettamente più frequenti di quelli poliandrici (una femmina e più maschi) ed è anche per questo che, in generale, tutte le femmine riescono abbastanza facilmente a trovare qualche maschio ben disposto ad accoppiarsi con loro mentre ciò non è affatto vero per i maschi nei confronti delle femmine. Una buona parte di maschi è destinata ad andare, per così dire, "in bianco" per tutta la vita o almeno per lunghi periodi.

Questa scarsità e questo particolare valore della femmina come risorsa spiega anche perché è sempre la femmina a rischiare la violenza sessuale. Questa è molto spesso un'autentica strategia riproduttiva alternativa che i maschi mettono in atto quando non riescono ad accoppiarsi in nessun altro modo ovvero anche quando, pur essendo felicemente accoppiati, cercano qualche ulteriore sistema per aumentare la circolazione del proprio DNA.

Un esempio del primo caso è fornito dalle ben note mosche-scorpione *(Panorpa)*. I maschi di questi insetti predatori riescono a ottenere i favori delle loro femmine offrendo loro insetti uccisi di fresco: mentre la femmina consuma avidamente le carcasse, il maschio ne approfitta per accoppiarsi. La durata dell'accoppiamento coincide con quella del pasto della femmina; non appena questa ha finito di mangiare, si libera dall'abbraccio del maschio e se ne va per la sua strada.

Alcuni maschi sono pessimi cacciatori e non dispongono mai di un insetto abbastanza grosso e appetitoso che consenta loro di mantenere occupata la femmina per un tempo sufficiente alla bisogna; perciò, dopo un certo numero di fallimenti, possono persino decidersi ad aggredire una femmina cercando di immobilizzarla e violentarla. Certo, il successo riproduttivo derivante da una strategia tanto rozza è molto minore di quello degli abili corteggiatori-cacciatori, ma tant'è, è pur sempre meglio che niente.

La violenza sessuale può pagare anche di più quando il maschio la usa come strategia integrativa. Per esempio, il gruccione dalla fronte bianca *(Merops bullockoides)* è un uccello coloniale africano che ha un sistema "ufficialmente" monogamico. I padri di famiglia, però, tentano regolarmente di violentare le vicine di casa nel momento in cui esse si azzardano fuori dai nidi trascinandole a terra e cercando di immobilizzarle e costringerle ad accettarli. Conoscendo bene le abitudini della propria specie, i maschi non si fidano dei propri vicini e cercano di vigilare sulla propria compagna quanto più possibile quando questa si allontana dal nido.

Tra le anatre selvatiche, la violenza sessuale è pure molto diffusa e ha persino risvolti tragici. Poiché l'accoppiamento avviene in acqua, il maschio violentatore cerca di piegare la resistenza della femmina tenendole la testa sott'acqua e, in un certo numero di casi, questo comportamento porta addirittura alla morte della vittima.

Ci si potrebbe chiedere che senso possa avere cercare di aumentare il proprio successo riproduttivo uccidendo la partner sessuale. Evidentemente nessuno, ma questi sono gli inconvenienti che derivano da una non perfetta sovrapposizione tra gli ambiti in cui agiscono le cause prossime e quelli in cui agiscono invece le cause ultime. La violenza sessuale può essere adattativa perché può aumentare il successo riproduttivo (causa ultima) ma, dal punto di vista della motivazione psicologica, viene messa in atto perché il maschio è sospinto da una forte pulsione sessuale frustrata (causa prossima) derivante dalla circolazione di un ormone sessuale (il testosterone) che è poi lo stesso che è responsabile anche del suo comportamento aggressivo. Quando la motivazione sessuale cresce in modo eccessivo senza possibilità di essere soddisfatta, essa può arrivare a un punto tale da sollecitare un comportamento che, in definitiva, non porterà a nulla di buono neppure in termini di duplicazione del DNA. È un inconveniente di una macchina paragonabile al cattivo funzionamento ai bassi regimi di un motore costruito per correre. Una patologia di comportamento se si vuole ma una patologia prevedibile, un costo in termini di energia e persino di vita, ma un costo che può essere pagato dalla specie in termini evolutivi. Se la motivazione media dei maschi fosse minore, se i maschi non fossero disposti a fare un gran che per riuscire a guadagnarsi un accoppiamento, allora il costo da pagare sarebbe molto maggiore e magari porterebbe all'estinzione delle specie *tout court*.

I ruoli di "maschio ardente e di "femmina ritrosa" non sono connaturati ai due sessi in quanto tali ma piuttosto in quanto rappresentanti naturali di due tipi di gameti profondamente diversi: da un lato i piccoli e numerosi spermatozoi, ciascuno dei quali ha un valore bassissimo, dall'altro le grosse e scarse uova, ciascuna di elevato valore. Nei rari casi in cui il maschio può offrire alla femmina risorse che abbiano un certo valore, la situazione può ribaltarsi fino all'eventuale scambio dei ruoli.

Un bell'esempio di una situazione di questo tipo è fornito dal cosiddetto grillo dei Mormoni *(Requena verticalis)*, una specie di Ortottero Catidide il cui maschio ha l'abitudine di offrire alla femmina i propri spermi all'interno di una sorta di sacchetto (spermateca) ricchissimo di proteine e di zuccheri. La produzione di questa spermateca è estremamente costosa per il maschio che, nel secernere le sostanze necessarie a produrla, perde fino al 40 per cento del proprio peso corporeo; in compenso, la femmina se ne avvantaggia notevolmente: consumandola, riesce ad aumentare anche del 50 per cento la produzione di uova.

142

La produzione di una spermateca tanto energetica da parte del maschio finisce per ribaltare i tradizionali ruoli sessuali; in questo caso la "risorsa scarsa" diventa il maschio buon produttore più della femmina. È stato infatti osservato che, insolitamente, in questa specie sono le femmine a prendere l'iniziativa sessuale e i maschi possono anche essere molto schizzinosi con le loro spasimanti. L'australiano Darryl Gwynne ha osservato che il peso medio delle femmine respinte era inferiore di circa il dieci per cento a quello delle femmine accettate e che questa differenza significava, in media, il cinquanta per cento delle uova in più nelle femmine più pesanti! È logico, quindi, che il maschio di questa specie, offrendo risorse costose e difficilmente rimpiazzabili, stia bene attento a scegliersi una femmina capace di dargli il numero più alto possibile di figli.

Ancora più estremo è il caso di alcuni uccelli acquatici, limicoli e jacane, in cui i maschi sono disposti a covare le uova e allevare i piccoli per le loro femmine. In questi casi, le femmine finiscono per accoppiarsi con diversi maschi lasciando a ciascuno di essi l'onere di curare una covata di 3-5 uova. In alcune specie, jacane e beccacce dorate, si ha addirittura un dimorfismo sessuale inverso, con femmine più colorate e più aggressive; nelle jacane è stato anche osservato che le femmine più grosse e aggressive possono addirittura praticare un comportamento infanticida nei confronti delle covate di femmine rivali; come nei leoni, il maschio della jacana dimentica ben presto l'aggressione, si accoppia con l'assassina e alleva i suoi figli.

9. Strategie alternative

I naturalisti di un tempo ritenevano che, in natura, esistessero specie monogamiche, poliginiche, poliandriche e via dicendo e che nessun individuo di una data specie potesse sottrarsi al destino che era stato tracciato una volta per tutte per l'intera specie da "Madre Natura". Oggi, sta ormai risultando sempre più chiaro che anche in questo campo, come in molti altri dell'ecologia del comportamento, esistono spesso "strategie alternative" che possono essere messe in atto dai diversi individui di una determinata popolazione in circostanze analoghe o anche dallo stesso individuo in circostanze differenti. Nel primo caso, la differenza di comportamento può avere una base genetica, nel secondo caso ciò che è fissato geneticamente può essere proprio la capacità di diversificare il proprio comportamento a seconda delle circostanze.

Un bell'esempio per illustrare il concetto è quello di analizzare l'evoluzione di una ipotetica specie con due possibili genotipi di comportamento riproduttivo maschile e due di femminile:

- Maschi fedeli: Corteggiano a lungo una femmina. Se questa accetta di accoppiarsi rimangono con lei anche dopo l'accoppiamento e l'aiutano ad allevare i piccoli.

- Maschi infedeli: Corteggiano per breve tempo una femmina; se questa non accetta rapidamente di accoppiarsi cambiano obiettivo; in ogni caso, se anche accetta di accoppiarsi, la abbandonano costringendola ad allevare da sola i piccoli.

- Femmine timide: Accettano di accoppiarsi solo dopo un lungo corteggiamento.

- Femmine veloci: Accettano di accoppiarsi anche solo dopo un brevissimo corteggiamento.

I costi e benefici della riproduzione possono essere valutati nel modo seguente:
- Tempo ed energia spesi nel corteggiamento: C
- Tempo ed energia spesi per allevare la prole: A/2
- Premio prole: P

Ammettiamo ora, per evitare l'uso di formule, che:
C = 2; A = 20; P = 15.
Facciamo i conti per il bilancio riproduttivo degli individui in una popolazione composta esclusivamente da maschi fedeli e femmine timide.

Bilancio: - 2 - 20/2 + 15 = + 3.
Ogni individuo, maschio o femmina, guadagna dunque tre punti in queste circostanze.

Ammettiamo ora che, a causa di una mutazione genetica ovvero di una immigrazione, nelle popolazione in oggetto compaia improvvisamente il genotipo "femmina veloce". Nelle condizioni suesposte il nuovo genotipo conferisce un vantaggio alle femmine che lo posseggono: queste, infatti, possono risparmiare il tempo e l'energia necessari per il corteggiamento.

Bilancio: 0 - 20/2 + 15 = + 5.

In questo caso, le femmine veloci guadagnano cinque punti invece che tre. Ne consegue che, in un ambiente di maschi fedeli, il genotipo "femmina veloce" risulterà avvantaggiato su quello "femmina timida" e tenderà, con la selezione naturale, a diffondersi sempre di più all'interno della popolazione.

Ammettiamo ora che a causa di una nuova mutazione genetica ovvero di una nuova immigrazione, nella popolazione compaia anche il nuovo fenotipo "maschio infedele". Con questo nuovo tipo di maschio, il bilancio della operazione è francamente disastroso per la femmina veloce che sarà abbandonata dal maschio e dovrà sobbarcarsi per intero il costo dell'allevamento dei piccoli:

Bilancio: 0 - 20/1 + 15 = - 5.

La femmina timida sarà invece al riparo da ogni rischio perchè non accetterà *mai* di accoppiarsi con un maschio infedele. Non dimentichiamo, infatti, che la femmina timida accetta di accoppiarsi solo dopo un lungo corteggiamento mentre il maschio infedele corteggia solo per un breve periodo. In questo caso, il risultato del bilancio è semplicemente zero:

Bilancio: 0 - 0 + 0 = 0.

Zero può anche sembrare un risultato niente affatto esaltante, ma è pur sempre molto meglio di - 5: è ovvio dunque che, in presenza di maschi infedeli, le femmine veloci che prima risultavano avvantaggiate su quelle timide ora sono nettamente svantaggiate rispetto ad esse; le femmine veloci tenderanno perciò a diventare sempre più rare trascinando nel loro declino anche i maschi infedeli che non possono concludere nulla senza di esse.

La morale della storia è che, in natura, è possibile la coesistenza di strategie riproduttive diverse e che ciascuna strategia - bella o brutta, morale o immorale che appaia a noi uomini - può costituire la soluzione ottimale in determinate circostanze. Non esistono sistemi socio-sessuali migliori o peggiori, superiori o inferiori e non esistono neppure sistemi fissi e immutabili per una determinata specie o per un'altra. Monogamia, poliginia o poliandria hanno la loro ragione di essere per il successo riproduttivo degli individui e per la conservazione e il benessere delle popolazioni. Anche per quella umana europea occidentale che, ufficialmente, dovrebbe praticare soltanto la monogamia.

10. Monogamia.

La monogamia umana potrebbe essere definita come un contratto sociale in cui un determinato individuo si lega in modo stabile - per un determinato periodo della sua vita - a un unico individuo di sesso opposto. Una definizione molto diversa, a prima vista più adatta al mondo degli animali, è

147

invece la seguente: la monogamia è l'accoppiamento con un unico partner di sesso opposto.

A ben guardare, però, il contrasto tra le due definizioni non deriva dal fatto che la prima sia stata costruita per l'uomo e la seconda per gli altri animali, ma piuttosto dal fatto che la prima è di ordine sociologico-giuridico, la seconda di ordine genetico-evolutivo.

In effetti, se sostituiamo un sostantivo più generale come "alleanza" al troppo umanizzante "contratto", la prima definizione si rivela perfettamente idonea non solo per la specie umana, ma anche per moltissime altre specie di animali.

Il termine di "contratto sociale" implica chiaramente un raggruppamento a due riconosciuto non soltanto dai contraenti ma anche dagli altri membri del gruppo; per esempio, nella società umana, il matrimonio è un evento sociale che richiede una registrazione scritta ufficiale negli atti ufficiali della comunità. Questa potrebbe sembrare una differenza rispetto alla situazione degli altri animali, in cui l'"alleanza" parrebbe istituirsi privatamente tra due determinati individui, senza l'avallo degli altri membri della comunità sociale.

A ben guardare, però, ciò non è vero e non è neppure realistico: in effetti, nessun rapporto di tipo monogamico potrebbe conservarsi abbastanza a lungo in assenza di un riconoscimento sociale esterno alla coppia. Per evidenti motivi di risparmio energetico e di evitamento del pericolo di conflitti, l'atteggiamento di un maschio adulto in cerca di una possibile partner è molto più prudente di fronte a una femmina già appaiata piuttosto che di fronte a una femmina chiaramente singola; anche per un gambero, per un corvo o per un lupo, i criteri per la ricerca di una compagna sono molto simili a quelli di un maschio della nostra specie che debba scegliere, durante una festa danzante, se corteggiare una signorina tutta sola o una signora accompagnata dal marito.

Il termine "socialmente legato" non implica necessariamente la continuità, la persistenza o anche solo l'esistenza di rapporti sessuali. Per esempio, molti uccelli vivono in coppie stabili per molti anni anche se si accoppiano soltanto per pochi giorni all'anno; in genere, la convivenza implica una continua vicinanza fisica e un'attiva collaborazione nella ricerca del cibo, nella difesa dai predatori e via dicendo. Questa è una situazione paragonabile a quella della nostra specie in cui, da ciascuno dei due membri di una coppia stabile, l'altro si attende cooperazione e sostegno, ma non necessariamente l'espletamento di un determinato numero di accoppiamenti per unità di tempo; al limite, il legame sociale può essere conservato anche in una situazione di estremo diradamento o persino di totale assenza dei rapporti sessuali.

Ancora un'osservazione: in molte specie, il rapporto sociale di tipo monogamico è limitato a una sola stagione riproduttiva. Si parla, in questo caso, di "monogamia seriale" o "monogamia successiva", il che è certamente corretto dal punto di vista sociale, ma non dal punto di vista genetico. Che un maschio si sia accoppiato con cinque femmine diverse nel corso della stessa stagione riproduttiva o di stagioni riproduttive successive, in effetti, non fa nessuna differenza dal punto di vista della qualità genetica della prole prodotta, specialmente se questa è destinata a vivere per diversi anni. L'unica autentica monogamia, dal punto di vista genetico, è quella che dura per tutta la vita.

C'è anche di più: dal punto di vista genetico, l'aggettivo "monogamo" non può essere attribuito alle coppie ma soltanto ai singoli individui. Per esempio, nel caso degli harem stabili, come quelli che si hanno tra le zebre, ogni singola femmina è chiaramente monogama mentre ogni singolo maschio è altrettanto evidentemente poligamo. È chiaro, tuttavia, che i rapporti monogamici asimmetrici come quelli esistenti in un harem non rispondono alla definizione di monogamia da un punto di vista sociale.

Dunque, la parola *monogamia* è chiaramente ambigua perché significa cose diverse a seconda dell'ambito di discipline in cui si sta discutendo; ma anche stabilendo di mantenersi strettamente in un ambito genetico-evolutivo, una cosa è il concetto teorico di monogamia, un'altra è la realtà delle coppie cosiddette monogame. Tra la monogamia stretta e la poligamia più ampia non esiste un salto improvviso, ma piuttosto c'è tutto un continuo di tipi di rapporti reali.

150

Nelle moderne società umane di matrice occidentale, la poliginia è praticata soltanto in modo ufficioso o addirittura nascosto e la monogamia (anche seriale o successiva) è codificata nelle leggi e nelle tradizioni come l'unico tipo di sistema socio-sessuale pienamente e apertamente accettabile. Ciò non significa, tuttavia, che un naturalista debba o possa dare un giudizio morale, o anche soltanto un giudizio di valore, su uno o più particolari sistemi riproduttivi nel mondo umano e, ancor meno, in quello non umano. Nella realtà del mondo degli animali (e forse anche di quello umano), la monogamia non è una scelta morale ma piuttosto una scelta di opportunità che può e deve essere compiuta soltanto in determinate situazioni ecologiche.

Prendiamo il caso estremo, quello di un genere di gamberetti che trascorrono tutta la vita imprigionati all'interno di una spugna. In questo caso, la monogamia perenne è semplicemente una scelta obbligata, proprio come quella dei canarini che vengono messi insieme in una gabbietta da un allevatore. Sarebbe lecito chiedersi che cosa avrebbero fatto questi animali se avessero potuto scegliere; ma la libertà di scelta non esiste nelle condizioni reali della loro vita e questa situazione condiziona in modo decisivo l'evoluzione delle loro stirpi.

A fronte di questo caso estremo, esistono tuttavia molti altri casi di monogamia perenne che, a prima vista, sembrano dettati da una precisa scelta di vita ma che, nella sostanza, sono altrettanto obbligati quanto quelli dei gamberetti.

Uno dei più evidenti è quello del pinguino imperatore, un ben noto e singolarissimo uccello incapace di volare che cova le sue uova nel pieno dell'inverno antartico, a una temperatura media di quaranta gradi sotto zero. Poiché la temperatura di incubazione è di quaranta gradi sopra zero (quella del corpo del pinguino), il gradiente termico tra ambiente di incubazione e ambiente esterno è di ben ottanta gradi centigradi. Dunque, per il pinguino, il lungo periodo di cova (oltre due mesi) comporta uno sforzo energetico enorme, aggravato dal fatto che un abbandono anche breve significherebbe fatalmente il raffreddamento delle uova e la morte degli embrioni. Per fronteggiare una situazione tanto estrema, i pinguini imperatori mettono in atto una complessa strategia: a giugno-luglio, le femmine depongono un unico uovo e subito lo passano al maschio che lo prende con le zampe e lo mette al sicuro in una piega della pelle del ventre; pochi giorni dopo, le femmine tornano in mare ad alimentarsi mentre i maschi covano stretti l'uno contro l'altro, senza mai mangiare e sopportando temperature di quaranta gradi sotto zero e venti freddi che raggiungono i 145 chilometri all'ora. Dopo circa due mesi, le femmine torneranno infine alla colonia per dare il cambio ai maschi ormai stremati completando l'incubazione dell'uovo e cooperando nell'allevamento del piccolo: questo si installerà per circa due mesi sui piedi della madre o del padre che si alterneranno nelle cure e nella ricerca del cibo; poi, simile a una grossa palla di piumino bruno, si riunirà con i suoi coetanei in "asili", stando però sempre bene attento ad accorrere per prendere il cibo ad ogni chiamata dei genitori.

Un simile sistema richiede un'elevata capacità di cooperazione dell'intera colonia ma, a monte di tutto, richiede anche un'organizzazione socio-sessuale di tipo strettamente monogamico: senza un rigoroso sistema di turni nella incubazione delle uova e nell'assistenza ai pulcini, né il maschio né la femmina riuscirebbero, da soli o anche con l'aiuto indiretto dei propri vicini, a portare a termine il loro difficile compito; in definitiva, qualunque pinguino che si permettesse la più piccola deviazione dalla monogamia e abbandonasse il partner per dedicarsi a una nuova relazione, sarebbe causa di un immediato disastro nei confronti della sua prole e non potrebbe "passare" a nessun figlio la propria tendenza al comportamento fedifrago.

Nel caso degli uccelli marini, l'obbligatorietà della monogamia deriva non soltanto dall'eventuale inclemenza delle condizioni meteorologiche, ma anche dalla necessità di questi animali di alimentarsi in mare aperto. Sono infatti strettamente monogami non soltanto i pinguini, ma anche gli albatri che nidificano certamente in condizioni assai meno estreme.

Gli albatri sono volatori eccezionali, che trascorrono in mare aperto la massima parte della loro esistenza e che vanno a terra soltanto per nidificare su sperdute isolette oceaniche, in grandi colonie come i pinguini.

La prima nidificazione si ha a sette-otto anni di età e l'accoppiamento è preceduto da un lungo e complicato rituale di corteggiamento che viene appreso soltanto dopo anni di pratica. Senza una perfetta esecuzione del rituale da parte di entrambi i membri di una coppia, non può essere raggiunta la motivazione necessaria per un accoppiamento e, di conseguenza, non vi può essere riproduzione. D'altra parte, una perfetta esecuzione del rituale da parte di una coppia richiede un lungo periodo di prove e di progressivo affiatamento. I giovani vengono a terra per le loro prime "lezioni di danza" nella primavera del terzo o quarto anno di vita ma, alle loro prime esperienze, sono decisamente goffi e poco selettivi. Con l'età, i maschi divengono via via più esperti e quando, infine, riescono a entrare in possesso di un loro territorio, diventa finalmente possibile la formazione di una vera coppia.

Allo stadio finale del corteggiamento, segue un periodo di "fidanzamento" durante il quale i partner rimangono insieme sul proprio territorio trascorrendo molto tempo danzando e lisciandosi le penne a vicenda. Tuttavia, il vero e proprio accoppiamento e la nidificazione non avverranno fino alla stagione successiva, dopo un periodo di separazione di alcuni mesi (dalla tarda primavera fino all'autunno) trascorso in mare aperto: quando torneranno e si riuniranno salutandosi con una danza appassionata e perfettamente eseguita, i due albatri saranno finalmente pronti per diventare genitori.

In luglio, poi, dopo l'involo dal nido dell'unico figlio, i due coniugi ritorneranno in mare aperto, ciascuno per la sua strada, per rimanervi fino all'inizio della nuova stagione riproduttiva, a ottobre; allora, si riuniranno ancora sul loro vecchio territorio e, nonostante la lunga separazione e la presenza sul posto di altre migliaia di albatri, si riconosceranno l'un l'altro immediatamente. Dunque, le vite dei due componenti di ogni coppia di albatri rimangono per sempre indissolubilmente legate anche se, a causa delle lunghe separazioni stagionali e della necessità di effettuare rigorosi turni di cova sul nido, in tutto, essi trascorrono insieme poche decine di ore all'anno. In qualche modo, il rituale eccitante della danza di corteggiamento gioca un ruolo fondamentale nella formazione del legame di coppia che, una volta formato, nonostante i lunghi periodi di lontananza, dura fino alla morte di uno dei due coniugi.

La storia della danza degli albatri ci introduce a un genere di monogamia esclusiva, basata sull'esecuzione di un rito comune che va messo a punto nei minimi dettagli e che pertanto finisce per costituire un fattore limitante contro l'eventualità di avventure extra-coniugali: è il caso di quelle specie di uccelli che eseguono i cosiddetti *duetti,* perfette esecuzioni canore a due voci che, analogamente alla danza degli albatri, sono alla base della motivazione sessuale di chi le esegue.

Questo singolare comportamento canoro si verifica in ben trentadue diverse famiglie di uccelli, sicchè si puï ritenere che esso si sia evoluto più volte nell'ambito della classe. Analizzando le caratteristiche del canto di specie differenti, è anche possibile riconoscere tre diversi "livelli" di evoluzione.

Al primo stadio, maschio e femmina emettono suoni molto simili tra loro, con il risultato di una combinazione di due "a solo" piuttosto che di un vero duo. Può anche accadere che un numero maggiore di esemplari si impegnino a cantare tutti assieme, formando un vero e proprio "coro"; tuttavia, non si ha alcun coordinamento tra i partecipanti e il risultato è piuttosto discordante.

Al secondo stadio, ciascuno dei due partner si limita ormai a eseguire una parte diversa del vocabolario del duetto, ma rimane capace di effettuare l'intera sequenza da solo o di scambiare il suo ruolo con quello dell'altro esecutore: la sincronizzazione è già perfetta, ma si ha ancora una certa elasticità nella distribuzione dei compiti.

Al terzo stadio, infine, ciascuno dei due sessi conosce soltanto una parte del vocabolario del duo e nessuno dei due è in grado di cantare da solo. La sincronizzazione è perfetta ma anche obbligatoria; i duetti, in questo caso, possono differire leggermente dall'una all'altra coppia e rappresentare perciò un potente mezzo di legame in una coppia monogama: la perfetta esecuzione può essere raggiunta con un solo partner.

I duetti più raffinati vengono eseguiti da alcune specie di uccelli dell'Africa tropicale: il tessitore *Symplectes bicolor,* il drongo *Dicrurus adsimilis* e la bella averla nera *Laniarius funebris* che può eseguire fino a 300-400 duetti al giorno, impegnandosi in questa attività per un tempo totale di 60-90 minuti ogni 24 ore. Duetti più semplici si riscontrano tuttavia in molte altre specie di uccelli, per esempio gru, oche e pappagalli come il Jardine *(Poicephalus gulielmi)* o il Tovi *(Brotogeris jugularis).*

Il caso dei duetti è tipico della monogamia stretta, ma nel suo terzo stadio ci introduce anche a un altro concetto, quello della divisione dei ruoli: molto spesso, i due partner si specializzano a fare cose diverse e il loro consorzio funziona in modo efficiente proprio in virtù di questa specializzazione.

Gli esempi di questa specializzazione sono molto numerosi: basti pensare alle molte specie di uccelli e di pesci che si dividono in modo asimmetrico le cure parentali. Tra di esse, mi sembra particolarmente significativo il caso rappresentato da un'intera famiglia, quella dei buceri della quale abbiamo già parlato in relazione a un diverso argomento. Si tratta di uccelli di taglia media o grande, tipici delle zone tropicali dell'Africa e dell'Asia. Agili e allungati, di abitudini strettamente arboricole, sono dotati di un enorme becco a forma di falce che li fa assomigliare vagamente ai tucani del Sudamerica.

Così come avviene in molte altre specie di uccelli, le femmine dei buceri effettuano la cova da sole mentre i maschi

157

provvedono in tutto e per tutto alla loro alimentazione, in modo che non siano costrette ad abbandonare le uova neppure per pochi istanti. In questo caso, tuttavia, questa netta suddivisione dei ruoli viene resa anche formalmente obbligatoria dall'adozione di una singolare pratica: una volta che la femmina ha scelto la cavità dell'albero in cui covare, il maschio costruisce una barriera di fango che ne occlude quasi completamente l'accesso, lasciando appena lo spazio per far passare il suo gigantesco becco a forma di falce con il nutrimento alla sua compagna. La femmina rimarrà "imprigionata" là dentro per tutto il tempo della cova e dell'allevamento dei piccoli e verrà "liberata" soltanto al momento dell'involo di questi ultimi. Beninteso, lo scopo di questo singolare rito non è quello di costringere la femmina a incombenze che svolgerebbe comunque ma piuttosto quello di difenderla, insieme con i piccoli, da possibili attacchi dei predatori.

La divisione dei ruoli è una strategia funzionale e, in linea di massima, vincente. In natura, sono molto più frequenti i casi in cui i ruoli dei sessi sono ben differenziati piuttosto che quelli in cui la differenza sia limitata alla produzione di gameti diversi o poco più. Tra le specie che non presentano cure parentali, come la maggior parte dei Rettili, la femmina deve necessariamente interessarsi di trovare un posto adatto per interrare le uova in modo che il sole o il calore di fermentazione di detriti di vario tipo ne consentano una buona schiusa; tra le altre, femmine e maschi tendono a specializzarsi a compiere operazioni diverse nel corso del ciclo riproduttivo. In molte specie di uccelli le femmine covano le uova mentre i maschi si accollano il compito di reperire il cibo per la compagna costretta all'immobilità e, più tardi, anche per i pulcini. Tra i mammiferi, le femmine sono letteralmente obbligate dalle loro stesse caratteristiche anatomiche e fisiologiche alla gravidanza e all'allattamento mentre i maschi sono necessariamente confinati in ruoli diversi. Di conseguenza, gli interessi dei due sessi tendono a divergere in modo molto netto e uno dei risultati di questa situazione è uno scostamento via via più marcato dal sistema della monogamia.

Un buon esempio di una situazione di monogamia imperfetta può essere fornito da un grazioso uccellino della famiglia dei pigliamosche, la balia nera (il cui maschio, a dispetto del suo nome volgare, ha una livrea nera soltanto sul dorso, bianca sul ventre). Migratore a lunga distanza, ogni anno sverna in Africa e attraversa il Sahara per andare a nidificare nelle foreste di conifere del Nordeuropa.

All'arrivo, il maschio prende possesso di una cavità adatta per costruirvi il nido, corteggia una femmina, si accoppia e si occupa di nutrirla mentre questa cova le uova. Capita però che, mentre la compagna è impegnata a covare, il maschio trovi un'altra femmina disponibile e incominci a corteggiare anche questa, col risultato di trascurare la compagna che si trova costretta a muoversi dal nido per andarsi a cercare qualcosa da mangiare. In questo modo,

159

però, la povera uccellina tradita deve necessariamente rischiare la sicurezza delle uova o dei pulcini, ma d'altra parte ha anche l'occasione di incontrare qualche altro maschio gentile che, in cambio di qualche favore, è disposto ad assicurare il rifornimento alimentare che il "legittimo" sposo aveva sospeso o diradato.

Non appena le uova schiudono e i pulcini crescono un po', la femmina può riprendere a muoversi per andare essa stessa in cerca di cibo. A questo punto, di solito, il primo maschio abbandona la seconda femmina (che, a sua volta, è ormai impegnata a covare su un nido) e torna alla prima per aiutarla a svezzare la prole. La seconda femmina dovrà arrangiarsi a fare tutto da sola, di solito con esito alquanto modesto rispetto a quello di una femmina che usufruisca della cooperazione di un maschio, mentre il secondo maschio - a sua volta abbandonato dalla prima femmina - dovrà accontentarsi di diventare padre di alcuni pulcini appartenenti alla nidiata di un'altra coppia. Le moderne analisi genetiche della paternità applicate alle balie nere - e a molte altre specie di uccelli - mostrano che, in molti nidi, una percentuale del venti o trenta per cento dei pulcini ha un padre diverso dal legittimo titolare di quel sito e quel territorio. Dunque, nella generalità dei casi, la monogamia non è un sistema rigido, ma piuttosto un indirizzo di vita più o meno flessibile. Può diventare estrema e totalizzante solo in caso di stretta necessità, per gli uccelli così come per gli esseri umani.

11. Pseudospecie

Emerge, quindi, un concetto semplice ma importante: in natura non esiste la generosità gratuita (pena la perdita di energia e la selezione negativa) ma neppure la crudeltà becera o lo sfruttamento estremo senza un motivo concreto. In generale, i rapporti tra individui della stessa specie sono regolati da un rigoroso bilancio costi/benefici che sembra delineato da un esperto economista. E lo è, in un certo senso, visto che la selezione naturale fornisce senz'altro soluzioni altamente tecnologiche ed economicamente valide pur non avendo bisogno di un'intelligenza cosciente per fare i relativi calcoli.

Ne consegue che i risultati degli eventi casuali che accadono in natura sono tutt'altro che puramente casuali: essi sono necessariamente regolati da una serie di condizioni al contorno che limitano drasticamente i gradi di libertà e consentono di prevedere il futuro con ragionevole approssimazione. Per esempio, se in un frutteto maturano le pere e nessuno le raccoglie, è prevedibile che dalle zone circostanti affluiranno molti uccelli mangiatori di frutta allo scopo di sfruttare la risorsa che si è resa disponibile; se gli uccelli sono molto numerosi rispetto alle pere è anche prevedibile che tra di essi sorgeranno dispute e che i più efficienti riusciranno ad assicurarsi la fetta più consistente della risorsa. La competizione non si svolgerà, tuttavia, in un modo indiscriminato ma è da attendersi che si stabiliscano alleanze forti (per esempio, all'interno di una famiglia), altre alleanze meno impegnative (magari all'interno di uno stormo) ovvero che venga messa in atto un'ostilità più spiccata (tra uccelli totalmente estranei). Possiamo anche prevedere che la strategia di utilizzazione delle pere e di scontro sociale per assicurarsene il possesso cambierà a seconda che i frutti si rendano disponibili tutti insieme in un breve periodo oppure a poco a poco in un tempo più lungo.

Se i rapporti dare/avere vengono dunque regolati e anche ottimizzati con tanta sapienza nel caso di tutti gli altri animali, è logico attendersi che la stessa cosa debba accadere anche per la nostra specie. Soltanto che in questo caso, al posto della pura e semplice selezione naturale entreranno in ballo anche altri tipi di regolazione, in questo caso coscienti e deliberati, che tuttavia svolgeranno esattamente la stessa funzione.

La nostra specie è maestra di questi trucchi. Può costruire sommergibili come delfini oppure aerei come uccelli e può farlo in un tempo molto più breve rispetto a quello di progettazione degli oggetti della Natura; però, per poterlo fare in modo efficiente, ha bisogno di comprendere i principi generali del nuoto e rispettivamente del volo e di progettare le sue macchine in modo per così dire esplicito applicando volontariamente questi principi. In questo modo noi utilizziamo le nostre capacità culturali per surrogare un'evoluzione che agirebbe troppo lentamente per noi; in un certo senso, è come se ci differenziassimo continuamente in nuove specie, anzi in nuove *pseudospecie* geneticamente omogenee tra loro ma capaci di prestazioni culturali tanto diverse quanto lo sono, normalmente, quelle di specie distinte.

Che cos'è una pseudospecie? È una popolazione che mantiene un elevato grado di isolamento riproduttivo rispetto alle altre popolazioni della stessa specie, non già a causa di barriere biologiche di tipo "classico" ma piuttosto a causa di barriere culturali: un linguaggio diverso, sia verbale sia non verbale, tradizioni tanto diverse da separare in modo netto i giovani in cerca di un partner, situazioni socio-culturali profondamente diverse e non mutevoli nelle generazioni. Un buon esempio delle conseguenze sociali di queste differenze è offerto da Konrad Lorenz nel suo libro sulla natura dell'aggressione *Il cosiddetto male*. Qui Lorenz tratta di un atteggiamento che egli definisce "attitudine del cortese ascoltare" che consiste nell'allungare il collo in avanti e simultaneamente inclinarlo di lato in modo da porgere simbolicamente un orecchio alla persona che sta parlando. "Nelle maniere cortesi di certe culture asiatiche - osserva Lorenz - esso ha subito palesemente forti esagerazioni mimiche; negli austriaci è uno dei gesti di cortesia più comuni... In alcune parti della Germania del nord è ridotto al minimo se non assente... Quando da Vienna capitai a Konigsberg, città nella quale la diversità nei moduli motori in discussione era particolarmente grande, mi ci volle diverso tempo per abituarmi al gesto di cortese ascolto delle signore

163

della Prussia orientale. Aspettandomi un lieve abbozzare del mento, per quanto minimo, della signora con cui parlavo, non potevo fare a meno di credere di aver detto qualcosa di indecoroso a vederla seduta diritta e rigida a guardarmi in faccia".

Se la comunicazione incontra queste difficoltà tra persone che parlano addirittura la stessa lingua e vivono nella stessa regione geografica (nel caso in questione la Mitteleuropa), si può facilmente immaginare ciò che può accadere quando si tenta il dialogo tra persone che abitano continenti diversi e magari hanno alle spalle centinaia o migliaia di anni di storie diverse.

Dal punto di vista puramente fisiologico, gli individui appartenenti a due pseudospecie diverse potrebbero benissimo accoppiarsi tra loro e dar luogo a prole perfettamente sana e feconda; in pratica, però, questo evento è altamente improbabile perché se due individui non riescono a comunicare tra loro né con le parole né con i gesti, se tra i gruppi a cui essi appartengono esiste incomprensione e quindi reciproca diffidenza o addirittura ostilità, è decisamente difficile che essi possano raggiungere una motivazione sufficiente per intrattenere i particolari rapporti sociali necessari per accoppiarsi, avere prole e svezzare insieme i piccoli nati.

Si può ben dire che assai spesso le comunità umane di diversa origine che convivono - spesso con ruoli sociali diversi - nella stessa area geografica, talora addirittura come cittadini della stessa entità politica, si comportino precisamente come pseudospecie. Se così non fosse, le probabilità di accoppiamento di ciascun individuo con uno qualsiasi di tutti gli altri di sesso opposto e di età adatta dovrebbero essere identiche all'interno di ogni popolazione. Il che certamente non è, al di là della retorica della cosiddetta "convivenza" di etnie diverse che, nella realtà, rimane generalmente un desiderio inappagato dei cittadini più generosi.

C'è anzi da dire che, se non si trattasse di esseri umani, la convivenza nella stessa area geografica senza ibridazione (o con ibridazione poco frequente) di due popolazioni distinte sarebbe di per sé sufficiente per farle classificare non già come "pseudospecie" ma addirittura come buone specie.

12. Storia

Detto quanto sopra, ritorniamo ora al problema della storia che, in un certo senso, è analogo e intimamente collegato al precedente. È concepibile un'assoluta casualità nel funzionamento degli eventi collettivi della società umana, cioè - in definitiva - della storia? In altre parole, è possibile che le azioni degli uomini, organismi generalmente considerati come razionali, non abbiano - a livello collettivo - alcun senso né alcun disegno mentre quelle di tutti gli altri animali, invece, abbiano l'una e l'altra caratteristica? Io penso che non lo sia. Ed è inutile obiettare che il senso e il disegno delle azioni degli

165

altri animali non è esplicito e cosciente ma unicamente legato all'adattamento evolutivo alle proprie circostanze di vita; è inutile perché resta il drammatico interrogativo sul perché la nostra specie avrebbe dovuto rinunciare a questo utile adattamento genetico per non avere in cambio una prestazione di tipo culturale anche solo vagamente paragonabile.

Non è logico e non è sensato pensare una cosa simile: se gli antenati dell'uomo hanno percorso il loro cammino sulla strada dello sviluppo del sistema nervoso, se essi hanno, in definitiva, rinunciato a una parte degli adattamenti genetici in favore di quelli culturali, devono per forza averlo fatto in risposta a una ben precisa pressione selettiva: una pressione che imponeva loro di opporre prontamente disegni e piani sempre nuovi per fronteggiare continue, incombenti minacce. A un problema di questo tipo, solo gli adattamenti di tipo culturale potevano offrire una valida soluzione, dato che quelli di tipo genetico non avrebbero potuto garantire una sufficiente rapidità di adeguamento alle nuove circostanze. Così, le diverse popolazioni umane hanno imboccato la strada di una dura competizione intraspecifica che potremmo anche definire interpseudospecifica a sfondo culturale.

Non voglio in alcun modo sostenere che nella storia umana esista qualche misterioso, imperscrutabile Piano. Sarebbe assurdo crederlo, ed è fin troppo ovvio negarlo. Certamente però esistono parti diverse, esistono interessi contrastanti e senza dubbio esistono gruppi di uomini che, come in un grandioso e cruento gioco a scacchi, cercano con ogni mezzo di far prevalere gli interessi della loro parte - potrei dire anzi della loro tribù - e continuamente producono piani a breve e a medio termine che, a loro volta, interagiscono tra loro producendo conseguenze, a volte anche inattese. Le proprietà di un sistema complesso come un insieme di società non sono desumibili da quelle dei loro singoli componenti dato che le numerose interazioni che tra essi si instaurano determinano risultati inattesi e interamente nuovi, le *proprietà emergenti*. Non vi sono su questo pianeta uffici segreti dove si costruisce la storia al tavolino ma vi sono invece molti luoghi dove si tenta di farlo mettendo in atto piani segreti destinati a un ben misero successo. E questi piani segreti di dominanza o di ostilità non si possono certamente scambiare con le liste della lavandaia o con gli scontrini fiscali del bar. La storiografia marxista può anche avere esagerato a insistere sul determinismo della storia umana, ma non c'è alcun dubbio sul fatto che, data una ben precisa situazione, gli scenari ad essa conseguenti siano necessariamente ben determinati. Se così non fosse, la statistica non sarebbe applicabile alla sociologia e i servizi segreti dei diversi paesi brancolerebbero semplicemente nel buio senza essere mai in grado di organizzare nulla.

La chiave di ogni interpretazione corretta sta nell'applicazione letterale, proprio la più letterale possibile, dei principi generali dell'ecologia del comportamento al passato, presente e futuro della nostra specie. Vediamo

167

innanzi tutto il passato, gli eventi di competizione intraspecifica nella storia delle origini dell'uomo.

13. Origini

È una storia lunga e complessa e oltretutto documentata solo in modo indiretto. Da essa sappiamo che la nostra specie - così come oggi la vediamo - è stata prodotta in sei o sette milioni di anni a partire da un animale molto simile all'attuale scimpanzé. Questo, a sua volta, era il risultato di due grandi processi evolutivi: quello più antico che - circa 40 milioni di anni fa - aveva prodotto i Primati a partire da mammiferi insettivori arboricoli simili all'attuale *Tupaia*, quello successivo - circa 20 milioni di anni fa - che aveva prodotto le grandi scimmie cosiddette antropomorfe a partire dalle scimmie del vecchio mondo (Catarrine).

Diamo per scontate le storie di questi due grandi processi e immaginiamo di andare a osservare per mezzo di una macchina del tempo un gruppo di *Australopithecus africanus*, scimmioni antropomorfi bipedi comparsi appunto 6-7 milioni di anni fa nelle savane dell'Africa orientale ed ivi estinti 900 mila anni fa. Immaginiamoli stanziati in qualche punto poco alberato dell'altopiano del Kenya oltre tre milioni di anni fa, quando non c'erano ancora uomini-scimmia più moderni di loro.

168

Alti circa un metro e trenta, pelosi, robusti e tarchiati, gli *Australopithecus* assomigliavano in tutto e per tutto a scimpanzé capaci di camminare sulle sole gambe. Vivevano in gruppi di alcune decine di individui all'interno dei quali c'era un capo e una gerarchia. Il sistema socio-sessuale era forse ancora di tipo promiscuo, con la maggior parte degli accoppiamenti possibili riservati ai maschi dominanti e con una recettività delle femmine limitata ai giorni dell'estro, attorno al periodo dell'ovulazione. Stava però accadendo qualcosa di nuovo in relazione con la crescente importanza della caccia. I migliori cacciatori monopolizzavano il cibo di migliore qualità e lo dispensavano solo agli individui di loro gradimento. In questo sistema diventava sempre più forte la pretesa della certezza della paternità da parte dei dispensatori di cibo nei confronti delle femmine. La carne è un alimento di grande valore nutritivo, difficile da procurare, e non si regala di certo alla prima smorfiosa di passaggio che non dà precise garanzie. Con l'adozione di questi criteri, in capo a qualche tempo, la società promiscua verrà necessariamente sostituita da una nuova società poliginica.

Come gli attuali scimpanzé, gli australopitechi erano animali capaci di prestazioni intellettuali di alto livello. Come essi, tuttavia, non erano in grado di parlare, non perché difettassero di capacità logica e di concetti, ma perché non disponevano di una laringe adatta alla produzione di suoni articolati. D'altronde, non ne avevano neppure bisogno dato che la loro capacità tecnologica era ancora rudimentale e non richiedeva dettagliate informazioni sull'uso di particolari oggetti. La loro principale peculiarità fisica era la stazione eretta. Non si tratta di una assoluta novità; infatti, tutte le scimmie antropomorfe, in relazione con il loro adattamento alla brachiazione (cioè allo spostamento sulla chioma degli alberi stando appesi ai rami con le braccia), hanno sviluppato un assetto verticale del corpo, una tendenza psicofisica a mantenersi in posizione verticale e anche una discreta capacità a camminare a terra sulle sole zampe posteriori almeno quando le braccia sono impegnate per il trasporto di cibo. Tuttavia, nel caso specifico dell'australopiteco, il piede era già modificato in senso terricolo e l'impronta sul terreno appare sostanzialmente analoga a quella umana; inoltre, la colonna vertebrale ha già incominciato a piegarsi a S per assicurare il mantenimento dell'equilibrio statico e dinamico su due soli arti e inoltre il condilo su cui si articola il cranio si è già spostato in avanti per lo stesso motivo.

Le caratteristiche più particolari dell'australopiteco africano riguardavano tuttavia il comportamento. Si trattava infatti - come lo scimpanzé e forse anche più dello scimpanzé - di una scimmia capace di cacciare, soprattutto in gruppo. Possiamo pensare, anzi, che le modificazioni somatiche che hanno dato luogo all'adozione definitiva della stazione eretta si siano sviluppate proprio in relazione con le abitudini predatorie di questa specie. Negli ultimi decenni è definitivamente tramontata l'idea che gli scimpanzé fossero pacifici bestioni esclusivamente vegetariani e ci si è resi conto

170

in modo sempre più chiaro che essi insidiano, uccidono e mangiano piccole antilopi o scimmie di minori dimensioni come babbuini, colobi e cercopitechi. Recentemente, le cacce degli scimpanzé sono state anche pubblicizzate da articoli divulgativi nonché da documentari cinematografici. Esse offrono uno spettacolo di sapore quasi cannibalesco a causa della notevole somiglianza e parentela con gli esseri umani sia del cacciatore sia della preda, cosa che rende anche possibile un'immediata, drammatica identificazione sia nell'una sia nell'altra veste: il risultato è decisamente impressionante e getta una luce alquanto sinistra sulle nostre origini.

Vediamo di ricostruire che cosa può essere accaduto quando i nostri antichi antenati adottarono stabilmente la stazione eretta diventando così i primi *Australopithecus*. Una volta liberate le mani anche dalle ultime incombenze deambulatorie, l'efficienza venatoria dovette aumentare in misura considerevole e in parallelo dovette anche aumentare la frequenza delle incursioni di gruppo in cerca di vittime da sacrificare. Queste venivano normalmente scelte tra individui di specie diversa dalla propria; occasionalmente, però, potevano anche essere individui della stessa specie appartenenti a una diversa tribù. Capita ancor oggi talvolta che un piccolo di scimpanzé rimasto isolato venga aggredito, ucciso e mangiato da estranei della sua stessa specie. Del resto, un evento di questo genere non ha nulla di straordinario dato che, in natura, episodi perlomeno occasionali di cannibalismo sono noti per circa 150 diverse

171

specie di animali. Ciò che invece è più peculiare è la frequenza con cui i nostri antenati umanoidi mettevano in atto il comportamento di predazione all'interno della loro stessa specie; una frequenza che - secondo l'antropologo americano Richard Alexander - è senza precedenti tra i mammiferi, certamente lo è tra i Primati.

Come mai accadeva questo? Io risponderei: perché, già a partire dai lontani tempi di *Australopithecus*, aveva iniziato a farsi sentire il fenomeno della pseudospeciazione culturale: gli appartenenti a gruppi diversi tendevano a differenziarsi nettamente dal punto di vista del patrimonio culturale e di conseguenza tendevano reciprocamente a considerarsi come assolutamente non appartenenti all'"umanità" da rispettare. L'universo specifico di ciascuno era la propria tribù e, al di fuori di essa, gli altri erano visti soltanto come pericolosi predatori o convenienti prede. Del resto, esiste un'ampia documentazione scientifica che conferma senz'altro che questo è l'atteggiamento generale non soltanto degli scimpanzé ma anche della generalità dei cacciatori-raccoglitori della nostra specie ancora esistenti sul nostro pianeta. In molte lingue, la parola "uomo" indica soltanto gli individui della propria tribù; tutti gli altri sono qualcosa di nettamente diverso.

Con il cammino dell'evoluzione culturale, dallo scimmiesco *Australopithecus* ai sempre più umani *Homo habilis* (3 milioni di anni fa), *Homo erectus* (1,5 milioni di anni fa) e *Homo sapiens* (100 mila anni fa), la competizione e la

172

predazione nell'ambito della propria stessa specie dovette via via aumentare invece che diminuire. Infatti, man mano che la comunicazione all'interno di ciascuna tribù diveniva più raffinata e più legata a fattori culturali, si andava sempre più affermando la logica del gruppo come logica di pseudospecie: la patria e l'umanità coincidevano con la tribù e l'estraneo era sempre e soltanto un potenziale pericolo oppure una potenziale risorsa. Certo, a questa regola vi furono anche varie eccezioni e le tribù - anche quelle più orgogliose e arroganti - furono tutt'altro che impermeabili dal punto di vista genetico; resta però il fatto che, in una misura mai avvenuta nel passato di altre specie di mammiferi, gli uomini si cacciarono e si combatterono tra loro e forse rappresentarono la maggiore minaccia possibile di morte per i loro simili. Secondo l'antropologo Alexander, anzi, soltanto la terribile pressione selettiva derivante dalla continua necessità di fronteggiare una minaccia di morte di proporzioni inusitate può spiegare la straordinaria crescita evolutiva del cervello umano in un tempo di poche centinaia di migliaia di anni. Si sarebbe trattato di un caso di selezione per la tangente, dovuto a condizioni di estrema e incombente pressione selettiva. Raymond Dart, un sudafricano che prese parte alle ricerche e alle straordinarie scoperte sui fossili africani degli uomini-scimmia, nel 1953 scrisse:

"Gli archivi della storia umana, lordi di sangue e costellati di massacri, dai più antichi Egiziani e sumeri fino alle più recenti atrocità della seconda guerra mondiale,

concordano con il primitivo universale cannibalismo, con le pratiche animali e sacrificali o i loro sostituti nelle religioni formalizzate, con le pratiche diffuse in tutto il mondo dell'asportazione dello scalpo, della caccia alle teste, delle mutilazioni del corpo e della necrofilia, nel proclamare questa peculiare e diffusa bramosia del sangue, questo segno di Caino che differenzia l'uomo, sotto l'aspetto dietetico, dai suoi parenti antropoidi e lo imparenta piuttosto con i più micidiali carnivori".

Oggi, dopo un ulteriore mezzo secolo di ricerche, le pessimistiche parole di Dart appaiono decisamente illuminanti. La sua tesi è stata ripresa da Jared Diamond che, nel 1991, ha pubblicato nel suo libro *Il terzo scimpanzé* un intero capitolo sul genocidio con il seguente sommario:
"Il genocidio, spesso considerato una caratteristica del genere umano diffusa solo in pochi individui perversi, ha in realtà molti antecedenti animali ed era considerato un tempo socialmente accettabile o ammirevole. Per riuscire a debellarlo nel mondo moderno dobbiamo renderci conto di quanto sia stato comune nella nostra storia, dobbiamo riconoscere che ciascuno di noi ha in sé le potenzialità per commetterlo e che persone altrimenti normali cercano in certi casi di 'razionalizzarlo'."

Naturalmente, molti psicologi e sociologi educati nella tradizione umanistica liberale, rifiutano fermamente che l'uomo possa essere "schiavo di istinti di antenati scimmieschi" e considerano invece i difetti del

174

comportamento umano come il risultato di "imperfezioni" della società. Un punto di vista che apparirebbe ridicolo se fosse espresso da biologi che commentassero in una oggettiva discussione di un lavoro scientifico i risultati statistici dei loro studi sui leoni, le iene o i gorilla ma che viene tranquillamente passato per buono per la nostra specie!

Le originarie attitudini dell'uomo non si sono certamente perdute nei nostri popoli di oggi: non voglio ripetere qui le tragiche, ma anche fantastiche storie delle guerre dell'età della pietra; preferisco ricordare quelle degli ultimi millenni, delle quali è rimasta ampia documentazione, nonché quelle riferite ogni giorno dalla cronaca, perlopiù rozzamente travestite da spedizioni umanitarie di soccorso in favore di questo o quel popolo affamato, oppresso o perseguitato ovvero da scoppi di fatali "odi antichi" tra "etnie" diverse per religione, dialetto, o altri dettagli.

Da almeno diecimila anni, cioè dai tempi della rivoluzione agricola che affrancò l'uomo dalla necessità della caccia moltiplicando per mille la produttività alimentare del territorio, è divenuto economicamente svantaggioso mangiare i nemici uccisi. Era molto meglio, dal punto di vista della resa energetica, risparmiare le loro vite per ridurli in schiavitù e costringerli a collaborare alla produzione di cibo. Beninteso, purché i nemici in oggetto fossero abbastanza docili e istruiti da potere essere utilizzati come forza-lavoro senza eccessivi problemi; altrimenti si preferiva procedere a operazioni di sterminio totale o quasi. La storia è talmente piena di esempi di questo genere che pare del tutto superfluo ribadirli una volta di più. Si pensi ai popoli dell'America settentrionale e centrale appena ieri e a quelli amazzonici oggi; si pensi a quelli della Nuova Zelanda nel secolo scorso e a quelli della Nuova Guinea nel secolo presente. Diamond cita venti episodi, gli ultimi nove avvenuti tra il 1900 e il 1950 in varie parti d'Europa con un totale di morti non inferiore a una ventina di milioni di persone. Se ora si pensa ai rapporti economici e politici tra il cosiddetto occidente industrializzato e il Terzo Mondo o anche tra i diversi stati di differente importanza economica all'interno stesso dell'occidente industrializzato ci si dovrebbe onestamente convincere che l'omologazione dell'estraneo a pura e semplice risorsa non è affatto cessata con la fine del cannibalismo.

14. Piani

E allora, come è possibile non dico dubitare dei piani (beninteso, con la p minuscola), ma addirittura dileggiare quelli che hanno constatato (non dico capito, dico proprio constatato) che i piani (con l'inevitabile correzione delle proprietà emergenti delle popolazioni rispetto ai singoli individui) esistono davvero, ma che poi - per vari motivi di tipo estetico e morale - li hanno scambiati per qualcosa di diverso e, tutto sommato, anche di meno sordido? Piani misteriosi di associazioni segrete che credono in qualcosa e lottano per il suo conseguimento, Piani, insomma, con la P maiuscola per il trionfo di un ideale, quale che esso sia.

Ora, questi Piani morali, in pratica non saranno mai disponibili semplicemente perché non saranno mai preparati da qualcuno che faccia parte di gruppi di potere. Infatti, perché mai qualcuno che amministra il proprio potere e il proprio successo, proprio come un qualsiasi scoiattolo, ghiandaia o altro animale, dovrebbe essere improvvisamente distratto da idee altruiste che non gli portano alcun vantaggio concreto? No, un Piano ideale e generoso con la P maiuscola può essere solo il prodotto di un singolo individuo idealista e moralista, mai di un gruppo. È per questo che è molto improbabile che un Piano con la P maiuscola possa andare molto al di là di un breve tentativo iniziale; di solito, i piani con cui si ha a che fare sono tutti con la p minuscola, piccole meschine macchinazioni dei gruppi di potere piccoli e grandi per rastrellare risorse e consenso e per conservare la propria posizione, beninteso sempre per rastrellare altre risorse e altro consenso.

A questo riguardo, è interessante analizzare i comportamenti di tutte le entità organizzate, non solo le società finanziarie o gli Enti pubblici finalizzati a un qualsiasi scopo, ma anche i partiti politici e le cosiddette associazioni di opinione. Questi gruppi omogenei di esseri umani nascono con un ben determinato obiettivo che nessuno, onestamente, potrebbe contestare, per esempio consolidare o talora ridistribuire la ricchezza dei cittadini oppure mettere in atto iniziative per la conservazione dei beni naturali o culturali. Quasi sempre, però, dopo i primi incerti passi, accade che queste organizzazioni vengano saldamente prese in mano e fatte crescere da qualcuno che le gestisce con lo scopo precipuo della loro conservazione e crescita, in diretto rapporto con la propria conservazione e crescita economica personale e senza alcun riguardo agli scopi originari dell'ente o associazione.

Tutto ciò può sembrare sconsolante, ma forse è assolutamente normale e inevitabile. Infatti, i gruppi di potere umani tendono fatalmente a comportarsi come organismi biologici: così come questi tendono unicamente alla duplicazione del proprio DNA e raggiungono il loro scopo attraverso la perpetuazione di un comportamento egoista, allo stesso modo i gruppi di potere umani tendono con modalità analoghe a una sorta di duplicazione culturale, cioè alla propria continua crescita numerica ed economica. Gli ideali originari possono eventualmente rimanere disponibili quali puri e semplici adattamenti culturali: essi rappresentano lo specifico terreno sul quale il gruppo di potere è nato ed è vissuto ai tempi delle sue origini; potranno perciò essere conservati soltanto se e finché permarranno le ristrette condizioni della nicchia originaria. Se il gruppo riuscirà a crescere e prosperare per mezzo di qualsiasi sistema che umanamente sia considerato moralmente buono o cattivo, ebbene gli ideali saranno accantonati e la priorità sarà data alla crescita. Una nuova specie originatasi in una certa nicchia ecologica può in tal modo riuscire a espandere il suo ruolo, fino a diventare una specie generalista di successo.

15. Cause prossime e ultime

È inevitabile, a questo punto, chiederci: che cosa significa "adattamento" o, in modo ancor più preciso, che cosa significa "comportamento adattativo"? Per quali motivi, a parte quelli genetici, gli animali, compresi gli esseri umani, compiono pervicacemente certe azioni che i biologi considerano "adattative" e che essi animali considerano desiderabili, indipendentemente dal loro presunto valore morale?

Per rispondere in modo comprensibile a questa domanda, userò un esempio ormai classico, quello della torta. Prendiamo una bella torta, per esempio un bellissimo Monte Bianco fatto di marroni canditi, panna montata e caramello e domandiamoci seriamente: perché ognuno di noi ne gradisce una fetta? La risposta più comune sarà: perché è buona. Quando assaporiamo la torta, non abbiamo nessun secondo fine cosciente: ci piace e basta. Il gradimento della torta da parte delle nostre papille gustative costituisce la *causa prossima* del nostro gradimento e della conseguente utilizzazione alimentare nei suoi confronti. Quando un animale compie un'azione adattativa fa soltanto qualcosa che gli piace ovvero che è spinto a fare da forti pulsioni interne. Non c'è in lui nessun calcolo di vantaggio genetico per la sua prole: soltanto odio, amore, attrazione fisica, paura, fame e via dicendo.

Spostiamo ora la domanda e chiediamoci: perché la torta ci è tanto gradita mentre una porzione di segatura di legno non lo sarebbe? Basta riflettere un poco per renderci conto che la torta contiene un'elevata quantità di zuccheri e grassi altamente energetici e abbastanza ben digeribili che possono ottimamente contribuire a soddisfare il nostro fabbisogno giornaliero di calorie. Il buon sapore di torta al cioccolato percepito dalle nostre papille gustative costituisce un espediente adattativo per informare il sistema nervoso centrale che il cibo disponibile è di elevata qualità e che quindi è opportuno mangiarlo. Potremmo quindi rispondere alla domanda precedente che il motivo reale per cui noi mangiamo la torta è che essa è altamente nutriente. Questa è la *causa ultima*, la ragione oggettiva che sta alla base dell'adattamento evolutivo che ha determinato il nostro gradimento della torta ovvero qualsiasi altra nostra pulsione di comportamento. Nessun essere umano gradisce un piatto di segatura di legno, per il semplice motivo che il legno non è digeribile per i Mammiferi. Perciò, non sarebbe stato affatto opportuno che gli esseri umani avessero sviluppato un particolare gradimento gustativo nei confronti del legno; se la cosa fosse casualmente accaduta, è probabile che i mutanti xilofagi (cioè mangiatori di legno) sarebbero tutti morti di

180

indigestione. È assolutamente verosimile, invece, che gli animali capaci di digerire il legno, per esempio le termiti, lo trovino anche gustoso.

16. Moralismo

Scartata l'idea di un Piano con la P maiuscola, bisogna tuttavia constatare che gli uomini - specialmente quelli di cultura - sono ancor meno propensi ad accettare quella di una serie di piccoli piani con la p minuscola. Piuttosto, essi si fronteggiano in due fazioni ideologiche per tentare di farci credere che il corso della storia sia determinato (a) semplicemente dal caso ovvero (b) dalla qualità morale degli uomini che si trovano in condizioni di operare politicamente. Insomma, il ragionamento di base di entrambi i gruppi contrapposti è: se noi non siamo in grado di esercitare un controllo di tipo etico sugli eventi della storia, ebbene allora non può esistere nessun altro tipo di controllo.

Non esistono parole sufficienti per condannare con forza sufficiente questo atteggiamento di falso moralismo e di sostanziale disprezzo dell'umanità. È l'idealismo hegeliano che torna, che si ripropone continuamente nella totale follia della propria disastrosa presunzione. Forse, nessuna tragedia sarà mai sufficiente per spazzarlo via definitivamente, per consentire di vederlo quale esso è veramente e cioè come un terribile momento di arroganza nociva; forse, nessuna sofferenza riuscirà mai a lasciare ai superstiti un sapore in bocca abbastanza amaro perché essi riescano a rifiutare decisamente l'idea infondata della superiorità e unicità della specie umana, anzi della superiorità dello Spirito, visto non già come meravigliosa proprietà dei sistemi viventi ma come categoria separata dalla materia e da ogni animale diverso dall'uomo. Quanto tempo dovrà ancora trascorrere perché la nuova rivoluzione copernicana ignorata dalle masse e aborrita dai sanguinari spiritualisti, quella dell'ecologia del comportamento, riesca a diffondere le sue conquiste se non proprio nella cultura almeno nella organizzazione sociale? Quante sofferenze ci si potrebbe risparmiare se si riuscisse a prendere atto dei meccanismi di funzionamento della storia, se si comprendesse che la politica è un ramo specializzato della biologia e che la Grazia, cioè il prodotto più alto dell'Etica, dai cristiani considerata come un gratuito dono di Dio, è una dura conquista culturale!

Un esempio concreto che può illustrare questi concetti è quello della guerra, un'attività umana tanto ricorrente nella storia da costituire la sua stessa ossatura. La guerra è stata talvolta presentata come motore degli eventi umani o, al contrario, è stata anche indicata come una cieca e terribile calamità che si abbatte sugli uomini a causa della proterva volontà di pochi fanatici; spesso viene inutilmente esorcizzata, perlopiù aggettivata come "assurda" o "crudele" nelle quotidiane cronache che di essa trattano.

Che cos'è, in realtà, la guerra? Il famoso generale prussiano Von Clausewitz la definisce molto brillantemente come un'estensione dell'attività politica "con altri mezzi", in pratica la forma più aggressiva di competizione.

Per cercare di valutare questo rispettabile punto di vista di un tecnico, ci conviene risalire idealmente alle nostre origini, alcuni milioni di anni fa, oltre *Homo sapiens* e forse anche oltre *Homo erectus* e *Homo habilis*. Scontri di gruppo di varia entità si possono osservare già nella società degli scimpanzé e pertanto è possibile che le forme più primitive di guerra siano già state combattute tra le varie comunità di *Australopithecus*, diversi milioni di anni fa.

Di che tipo di guerra poteva trattarsi? Ovviamente di scontri su piccola scala, che potevano coinvolgere poche decine o al massimo alcune centinaia di individui che si battevano per il controllo di un certo territorio con le sue risorse. Questo tipo di scontri, in sé e per sé, non ha nulla di peculiare dato che, in effetti, si verifica a tutti i livelli della scala zoologica. La particolarità degli antenati dell'uomo forse sta nella continua elaborazione di nuovi piani per sconfiggere e distruggere gli avversari. Anzi, secondo l'antropologo americano Richard Alexander, la continua ideazione di nuovi piani di guerra rappresentò per milioni di anni la principale molla evolutiva degli antenati dell'uomo. Chi era più furbo e più micidiale poteva lasciare una discendenza, chi invece si lasciava tentare dall'ozio mentale veniva inesorabilmente travolto. In tal modo, la minaccia proveniente dagli altri esseri umani (o umanoidi) rappresentò fin dalla notte dei tempi la principale pressione selettiva che determinò la continua crescita del cervello umano fino a dimensioni e prestazioni assolutamente fuori misura. La nostra intelligenza avrebbe perciò l'originario senso di assicurare l'efficienza della difesa contro altri esseri quasi paragonabili a noi in quanto a intelligenza e a crudeltà. L'efficienza della difesa (e dell'attacco) è stata anche assicurata dall'evoluzione di un sistema sociale che prevede la capacità di leadership da parte di alcuni individui e la tendenza all'ubbidienza e al conformismo da parte degli individui subordinati del gruppo. Le ricerche di uno psicologo americano, il dottor Milgram sono decisamente illuminanti sotto questo punto di vista.

Milgram voleva farsi un'idea di quale fosse la reale misura del conformismo umano di fronte all'autorità. Cercò quindi un certo numero di volontari del tutto ignari delle scienze del comportamento e chiese loro di fungere da assistenti-operatori in un "importantissimo esperimento" che aveva lo scopo di studiare l'apprendimento umano in condizioni - per così dire - di forte sollecitazione. Ai neo-assistenti veniva richiesto di intervistare gli allievi per via telefonica e di punire le eventuali risposte errate somministrando una scossa elettrica all'allievo incapace o negligente. La scossa era lieve al primo errore e diventava poi via via più forte man mano che gli errori si moltiplicavano e il caso di scarso profitto diveniva più grave. Ai neo-assistenti veniva anche spiegato che l'esperimento era molto importante e che per nessun motivo al mondo si sarebbe dovuto interrompere o alterare il suo andamento previsto: qualunque fosse la reazione dell'allievo, la scossa doveva essere somministrata ad ogni costo.

In realtà, le cavie dell'esperimento di Milgram non erano affatto i fantomatici "allievi" ma i veri assistenti. Milgram voleva vedere fino a che punto essi si sarebbero spinti nel colpire e danneggiare altri uomini in una situazione di virtuale certezza che ciò che essi facevano era voluto da un'autorità superiore e faceva parte di un disegno da essa voluto e certamente coperto da impunità. Al contrario, la punizione (in forma di mancato pagamento del compenso concordato o peggio di denuncia per danneggiamento) poteva e doveva essere temuta in caso di disubbidienza.

Ebbene, circa i due terzi degli "assistenti" di Milgram continuò a somministrare le presunte scosse elettriche anche quando queste venivano aumentate fino all'intensità presunta di 450 volts e anche quando sullo schermo compariva la scritta "pericolo di morte". Le scosse vennero somministrate anche quando dall'altro capo del filo giunsero grida di dolore e persino urla disperate che scongiuravano di smettere (ovviamente tutte registrazioni di attori). Tuttavia, se lo sperimentatore-capo veniva privato del suo *status* gerarchico, aumentava il numero di coloro che, di fronte alle proteste degli allievi, interrompevano l'esperimento. Inoltre, se egli forniva le istruzioni per telefono, ancora una volta aumentava il numero di coloro che si rifiutavano di ubbidire. Infine, molti dichiaravano soltanto a parole di aumentare l'intensità delle scariche ma in realtà non lo facevano dimostrando così di essere mossi dalla paura e dal conformismo piuttosto che da motivazioni sadiche.

Questo famoso esperimento getta una luce chiara e abbastanza inquietante sul conformismo umano e sulla tendenza di ossequio all'autorità che sta alla base di qualsiasi organizzazione politica e militare. L'uomo ossequia l'Autorità ed è pronto a disumanizzare il nemico da essa dichiarato accettando acriticamente di riconoscerlo come pseudospecie diversa dalla sua. Usa la sua socialità per fare la guerra e la guerra per competere per le risorse scarse con quelli che le vogliono ottenere al suo posto.

17. Possesso di beni

Questa è la competizione per la sopravvivenza e, tra quelli che sopravvivono, per il potere. Chiunque sia ancora vivo è riuscito ad avere successo nella prima fase, almeno *pro tempore*, ma soltanto pochi sono riusciti e tuttora riescono ad averlo anche nella seconda. Cosa bisogna fare a questo scopo? La risposta è che, in natura, il potere è un'entità che ciascuno detiene in quantità proporzionale alle risorse che riesce a controllare. Parafrasando un ben noto proverbio popolare, si potrebbe dire che ogni animale (e ogni essere umano) tanto può quanto ha. Ai fini del potere, è molto più importante avere che essere, anche se è vero che è molto improbabile l'ipotesi di avere e non essere anche qualcuno.

Consideriamo il caso degli uccelli territoriali, per esempio le cinciallegre in un bosco. I maschi più forti e combattivi riescono a delimitare un territorio di una certa estensione - tipicamente alcune migliaia di metri quadrati - nel quale costruiscono un nido all'interno di un tronco cavo. Il valore di mercato di ogni territorio dipende da diverse variabili: la presenza di cavità nei tronchi, la quantità di insetti e di cibo vegetale reperibile con metodi da cinciallegra all'interno dell'area, la quantità di nascondigli che consentano di sfuggire rapidamente a eventuali predatori. La valuta usata da ogni maschio di cinciallegra per acquisire il suo territorio è - in termini energetici - l'impegno profuso in minacce e attacchi contro gli altri maschi concorrenti della stessa specie. I maschi più robusti e aggressivi saranno in grado di pagare un prezzo energetico più alto e quindi di impadronirsi dei territori migliori. Tuttavia, ogni equilibrio con i relativi confini verrà stabilito unicamente *pro tempore*: in un famoso esperimento degli anni settanta, l'ornitologo britannico John Krebs dimostrò chiaramente che, rimuovendo da un bosco alcuni maschi di cinciallegra in possesso di territori utili alla riproduzione, tutto il complesso mosaico delle "proprietà" veniva destabilizzato e subiva un imponente rimodellamento. Dopo l'allontanamento di sei maschi, un certo numero di vicini riuscì ad allargare immediatamente i propri confini mentre quattro nuovi maschi riuscirono a inserirsi nel gioco

187

occupando altrettanti territori che solo in parte ricalcavano quelli degli ex-proprietari. Il risultato fu un imponente cambiamento della carta "politica" del bosco delle cince che ricorda da vicino quello della carta umana dell'Europa orientale dopo il 1989.

Una conseguenza di enorme importanza della situazione sopra descritta consiste nelle condizioni, per così dire, di quadro necessarie per un minimo di credibilità della cosiddetta democrazia politica umana. Dato per scontato che il comando è determinato dalla forza e che la forza è determinata dal possesso di risorse, ne consegue che la democrazia politica - con tutti i limiti ad essa inerenti - è comunque unicamente possibile laddove le risorse esistenti siano detenute da vari soggetti con interessi diversi e anche contrastanti tra loro e quindi in una oggettiva situazione di competizione. In caso contrario, i detentori impiegherebbero pochissimo tempo a formare una potente coalizione che necessariamente schiaccerebbe tutti i semplici cittadini che non controllino una significativa fetta di risorse. In questo processo, il ruolo dello Stato quale importante proprietario per sua stessa natura antagonista dei proprietari privati appare importante. Se è vero che anche lo Stato - così come qualsiasi altro proprietario - non può fare altro che instaurare una dura dittatura qualora si trovi a detenere le risorse in un regime di monopolio, è anche vero che le dottrine privatistiche e le conseguenti privatizzazioni selvagge non possono portare a nessun altro tipo di approdo se non a una società di tipo sostanzialmente feudale, priva di autentici servizi e caratterizzata invece da una straripante offerta di beni di consumo destinati soltanto a drenare risorse alla popolazione per trasferirle ai detentori del potere economico, aumentare costantemente il loro potere politico e rendere sempre più insulse le loro offerte, sempre più esose le loro richieste, sempre maggiore il divario tra essi e tutti coloro che non possono controllare qualche tipo di bene.

III. CREDITO ACCADEMICO

1. Tapiri

Eravamo finalmente arrivati alla nostra meta, una pozza di fango che non superava i tre o quattro metri di diametro nel bel mezzo della foresta più fitta. Non c'era acqua e le tracce del tapiro erano molto evidenti nel fango quasi completamente secco: orme a tre dita tipiche di un bestione perissodattilo senza particolari specializzazioni per la corsa. Wisit allargò le braccia come per dire: «Di solito, il tapiro riposa qui, ma ora non c'è». Nel suo sguardo un po' preoccupato, mi parve anche di poter leggere un'altro messaggio: «Avevo cercato di spiegarvi che è molto difficile vederlo, ma siccome non parlo inglese, non ci siamo capiti».

«Il tapiro non c'è» disse Pierre.

«Lo vedo» risposi io molto freddamente e poi continuai: «Sai, devo confessarti che non avevo mai veramente sperato di riuscire a vederlo. Abbiamo marciato quattro ore nella foresta per venire a visitare questa deliziosa pozza di fango».

Pierre sbuffò e spernacchiò con una malcelata stizza.

«Oh, comunque è stata una splendida escursione e valeva la pena di farla».

Stavo ancora cercando le parole adatte per rispondergli a tono quando Wisit mi toccò il polso indicando chiaramente il mio orologio e poi aggiunse un segno di "due" alzando insieme il dito indice e il medio della mano destra.

«Si, sono le due» confermai.

Wisit annuì con soddisfazione e incominciò a ruotare l'indice sull'orologio, come se fosse stato una lancetta che girava. Lo ruotò quattro volte e poi indicò sei con le dita, come per confermare il numero dei giri.

«Mancano quattro ore alle sei» dissi io in inglese mostrando due dita con la mano sinistra e quattro con la destra.

Wisit annuì nuovamente, indicò il cielo e poi fece un rapido cenno con le mani come per dire che alle sei sarebbe arrivato il buio. Poi mostrò i denti con una smorfia di ferocia e atteggiò le mani ad artigli.

«Cosa significa?» chiese Pierre.

«Che vuoi che significhi? Che abbiamo quattro ore di tempo per tornare e che dobbiamo affrettarci perché, dopo le ore sei del pomeriggio, cala la notte e le tigri diventano pericolose».

Wisit annuì per la terza volta e mi fece subito cenno di riprendere la marcia e di farlo anche in fretta.

Via di nuovo per la foresta, praticamente di corsa: abbiamo impiegato quattro ore di per raggiungere quel luogo assolutamente inutile e non c'è proprio alcuna speranza di potere essere più veloci a venirne fuori. Se possibile, dobbiamo correre ancora di più perché non possiamo permetterci neppure un ritardo di una decina di minuti. Dovrei sentirmi pieno di preoccupazione ma in realtà sono più che altro schiumante di rabbia: se qualcuno non c'entra proprio per nulla con la storia dei tapiri, quello sono esattamente io e peraltro, se qualcuno dovrà rimetterci la pelle, uno a caso, è evidente chi sarà. Ma ormai non c'è più niente da fare. Bisogna giocare e basta.

È anche evidente che la corsa del pomeriggio sarà molto peggiore di quella del mattino. Anzi, è evidente che tutto ciò che abbiamo passato fino a questo momento sarà senz'altro da considerare come un giardino di rose e fiori rispetto al percorso di ritorno che ora stiamo affrontando.

In primo luogo sembra che i saliscendi si siano moltiplicati. Anche all'andata abbiamo attraversato molte colline, ma ora sembra che non ci sia nessun tratto più lungo di una ventina di metri che corra in piano. Sono sicuro che questa è un'altra strada, forse una scorciatoia, e spero soltanto che Wisit sappia il fatto suo quando sceglie i percorsi in questo intrico di foglie sempre diverso, dove nulla mi sembra riconoscibile.

In secondo luogo, mi sembra che Wisit stia facendo un uso troppo disinvolto dei torrenti al posto dei sentieri. Certo, eravamo entrati in acqua anche all'andata ma ci eravamo limitati a un paio di semplici guadi tra una riva e l'altra; ora, invece, si cammina decisamente nell'alveo, con l'acqua fino alle cosce e una corrente a dir poco vivace che rischia continuamente di farti perdere l'equilibrio. Ci mancherebbe altro con tutte queste pietre arrotondate grandi e piccole ricoperte di un limo scivoloso che sembra messo lì apposta per farti cadere e azzopparti.

E poi c'è il distacco tra me e tutti gli altri che aumenta man mano e che si fa sempre più inquietante. Li vedo scomparire dietro una curva, poi ricomparire fuggevolmente sempre più piccoli, poi scomparire di nuovo in una foresta che va diventando sempre più ombrosa e più vuota. Ho una paura matta sia del distacco in se stesso che mi fa restare solo in questo ambiente ignoto, sia del pericolo oggettivo di perderli di vista, perdere la strada e vagare alcune ore senza meta prima di finire in bocca a una tigre o in fondo a un burrone.

Certo, mi è capitato di perdermi altre volte nella mia vita. Credo che sia capitato a tutti i naturalisti. Di queste storie, ne ricordo due in particolare, una nelle foreste della Sila quando avevo appena dodici anni e una su una parete quasi verticale della Val Grande, sul lago Maggiore, tredici anni dopo. In entrambi i casi sono riuscito a portare a casa la pelle e l'ho sempre fatto anche prima del tramonto. In Sila mi ero perduto dopo avere attraversato non so come un roveto inestricabile che mi aveva tagliato fuori da tutto il resto della compagnia, i miei fratelli di dieci e otto anni, dico di dieci e otto anni, che si erano rifiutati di seguirmi ulteriormente.

Li avevo scongiurati inutilmente e li avevo visti scomparire in mezzo a un intrico di felci aquiline, senza potere far nulla per fermarli. Poi, avevo corso a perdifiato sotto una volta di pini con un ululone dal ventre giallo tra le mani. A un certo punto avevo mollato il malcapitato rospetto sia per la preoccupazione che ormai mi dominava sia, debbo dire, per il bruciore che mi procurava alle mani con la secrezione velenosa della sua pelle. Poi via di corsa come adesso su un terreno ondulato relativamente sgombro fino a ritrovare il Villaggio Mancuso, correre ad avvisare mia madre e ritornare rapidamente nel bosco con lei dopo avere constatato che i miei fratelli non erano ancora arrivati. Cerca e grida, grida e

194

cerca, li avevamo trovati prima di sera. Tanto meglio per loro e anche per me che non ero riuscito a convincerla di essere stato la vittima e non l'autore di quell'ignominioso abbandono di minori.

In Val Grande la storia era stata molto diversa e anche più pericolosa. A quei tempi avevo già ventiquattro anni e stavo partecipando al primo congresso scientifico della mia vita, in quella amena località che è la cittadina di Stresa, sul lago Maggiore. Un commerciante locale mi aveva raccontato della valle, una foresta vergine intricata che non si poteva di certo immaginare né intuire passeggiando sul lungolago. Avevo attentamente esaminato il programma del congresso per trovare un pomeriggio che si potesse saltare senza grave danno culturale e poi ero partito. Raggiunto in automobile il villaggio quasi abbandonato di Cicogna, da qui ero sceso verso l'alveo del torrente San Bernardino, in una spettacolare valle incassata. Poi mi ero messo a camminare lungo il fiume abbandonando il sentiero e, a un certo punto, mi era balenata l'idea di tornare al villaggio tagliando per la montagna boscosa, senza più tornare sulla via maestra.

Vai e vai, la pendenza era gradualmente aumentata finché non mi ero reso conto di trovarmi su una parete rocciosa completamente verticale. Impossibile proseguire o tornare indietro. Ero rimasto lì per un bel po' aspettando non so cosa finché non avevo iniziato a ripetermi: se sei arrivato qui, puoi anche tornare; mantieni la calma e vai giù, passo dopo passo. Alla fine ci ero riuscito ma quando ero arrivato sul fondovalle avevo le gambe scosse da tremendi sussulti che potrei definire di tipo tetanico. Poi avevo anche saputo che la località era infestata da vipere e che io ero anche stato particolarmente fortunato a non essere stato morsicato muovendomi scompostamente - come avevo fatto in quella discesa - nel groviglio inestricabile di rocce e rami.

E tuttavia, in tutta la mia vita - nonostante le mie ampie scorribande in ambienti naturali, in cerca di animali - non ho mai dovuto passare una sola notte all'addiaccio. Non so se la stessa cosa sia anche vera per mio fratello Bruno, ma certo anche lui se la cavò molto bene quando si perse sulle aride montagne della Sicilia occidentale, negli anni sessanta. Mi ha raccontato questa storia tante volte in ogni particolare che mi sembra quasi di averla vissuta io stesso.

2. Bruno

Al termine della dura arrampicata che lo aveva portato fin lassù, Bruno aveva lasciato cadere il suo pesante fardello. Sdraiandosi sulla roccia, si tergeva il sudore dalla fronte corrugata. I suoi occhi chiari si sgranavano sperduti verso l'azzurro del cielo mentre le mani strofinavano meccanicamente un fazzoletto sugli occhiali.

Poi si rilassò del tutto e rimase immobile. Il vuoto dei suoi pensieri non era poi tanto diverso dallo spazio limpido che egli poteva ammirare da lassù: brulle montagne rocciose a perdita d'occhio; non un segno di vita umana se non antiche vestigia di filo spinato qua e là tra le ginestre.

Per essere di marzo, la giornata era molto calda. Con la sua giacca a vento Bruno sudava, ma non se la toglieva di dosso per non essere ancora più impacciato nei movimenti. Bastava quella volpe: le aveva legato insieme le quattro zampe facendola diventare una specie di zaino e ora se la scorrazzava per i monti tra Monreale, Partinico e Carini.

Non l'aveva uccisa lui. L'avrebbe anche fatto, si intende, ma quel giorno era uscito senza fucile. Poco male perché aveva sparato Vincenzo. A una volpe in una zona di coturnici stava sempre bene una fucilata e poi la pelle avrebbe figurato bene nella sua collezione. Vincenzo e Piero volevano staccarle la coda e abbandonare tutto il resto ai corvi imperiali, ma Bruno non lo aveva permesso: la pelle era splendida e per di più, dopo avere ammazzato un animale selvatico, sarebbe stato un vero delitto sprecarne le spoglie. Avevano continuato a girovagare a ruota libera, ognuno per proprio conto: cercavano di stanare qualche altro selvatico che fosse anche buono da mangiare, magari un coniglio o qualcosa del genere. Per Bruno, però, la caccia era ormai finita: non aveva fucile e quel peso sulle spalle gli impediva di muoversi liberamente; aveva lasciato gli amici su un costone roccioso e aveva imboccato un largo sentiero polveroso per ritornare sulla strada statale. Li avrebbe attesi laggiù o almeno si sarebbe sbarazzato del corpo della volpe infilandolo nel bagagliaio dell'automobile.

Il sentiero, però, aveva cominciato quasi subito a serpeggiare lontano e ben presto lo aveva condotto addirittura fuori dalla vista del Raffo Rosso, la parete calcarea a forma di anfiteatro che domina il centro agricolo di Capaci e che per tutto il giorno era stato il suo costante punto di riferimento. A lunghi passi era sceso verso una valle deserta, senza tracce di strade né rombo di motori. Non vi aveva fatto molto caso: era convinto che sarebbe giunto ugualmente al luogo da cui era partito, magari a prezzo di qualche giro vizioso tra le valli di roccia tutte uguali. Camminava in discesa a passi pesanti. Il fatto di andare in discesa lo rassicurava sulla direzione di quella strada. Non conosceva gran che di quei dintorni ma, a forza di scendere, bisognava per forza giungere a mare. Le strade sulla costa non mancavano e, in qualche modo, sarebbe certamente arrivato dove voleva. Il paesaggio era aperto, aspro e roccioso, disseminato di cardi, carline e ginestre; in ogni angolo, parlava di rovine. L'unica roccia era il calcare e l'unica specie arborea qualche rarissimo carrubo. Compariva improvvisamente al riparo delle gole, lungo i letti secchi dei corsi d'acqua.

Procedeva ormai quasi di corsa quando sentì risuonare, a brevi intervalli, quattro colpi di fucile. Pensò che i suoi amici avessero stanato qualcosa. Non immaginava certamente che lo stessero già cercando e che si sgolassero a chiamarlo per dirgli di non proseguire: ci voleva poco a perdersi tra quelle valli, per quanto non fossero in molti a rendersene conto.

Percorse l'ultimo tratto in discesa quasi a rotta di collo verso l'alveo di un torrente asciutto e ingombro di massi. Poi si trovò nell'ombra di una stretta gola. Cercò di capire da quale parte convenisse muoversi per risalire verso le cime e guardarsi intorno. Scelse quello che, a prima vista, gli era sembrato il proseguimento del suo sentiero dall'altra parte del torrente. Poche decine di metri e il tracciato polveroso si perse quasi impercettibilmente tra i cardi e le altre piante spinose. Non rimaneva altra scelta che proseguire in qualche modo verso l'alto camminando di buona lena.

3. Cani.

Così si era perso Bruno tra monti brulli, senza compagni e senza cane, a differenza di me che stavo vagando nel cuore di una lussureggiante foresta, con tre compagni e un cane. La mia situazione offriva notevoli garanzie contro la morte per sete e, volendo, anche contro il rischio di agorafobia ma, a parte questo, ben pochi altri vantaggi. I miei compagni era meglio perderli che trovarli e il cane, povera bestia, era anche simpatico ma, a ben vedere, il più terrorizzato di tutti noi. Mugolava ed esibiva chiari movimenti di intenzione chiedendo di essere aiutato a scendere per le cascatelle alte anche un paio di metri che interrompevano l'alveo del nostro ruscello semisecco costringendoci a un continuo esercizio di arrampicata su roccia viscida. Ogni tanto fiutava in aria o in qualche cespuglio e mugolava ancora di più dandomi l'impressione di preoccuparsi terribilmente della situazione in cui tutti noi ci trovavamo. Non so quale fosse la sua normale funzione nella società umana in cui era inserito ma certo, tra tutti noi, era quello che esprimeva più chiaramente la sua opinione circa la situazione complessiva. Non dubitavo che non fosse per nulla abituato a frequentare quell'intrico infernale o perlomeno che pensasse opportuno starsene alla larga.

Si dice che in Italia l'Appennino si sia riempito di cani rinselvatichiti. Non ho motivo di dubitare che sia così ma è chiaro che la cosa non sarebbe mai accaduta se le pantere scappate o liberate intorno a Roma fossero riuscite a trovare una via diretta verso le montagne. I cani sarebbero usciti di corsa dal bosco e avrebbero scodinzolato amichevolmente al primo automobilista di passaggio supplicandolo di adottarli e di portarli via da quel posto infernale. In mancanza di pantere, invece, diventavano prepotenti e assumevano quasi il ruolo delle tigri o forse anche peggio. Una volta, durante una breve escursione sui monti del Matese, ero stato avvistato da un grosso cane da pastore che si trovava su un'altra cresta, separata dalla mia da un'ampia valle. Subito, l'animale si era gettato a corsa pazza verso la valle senza neppure abbaiare. Sulle prime avevo pensato che avesse qualcosa da fare laggiù, magari andare a bere nel torrente, ma poi, vedendolo guadare e iniziare la risalita verso di me, avevo capito che non c'era affatto da fidarsi e avevo iniziato a scendere per il versante opposto a balzi di due o tre metri e con la continua sensazione di essere sul punto di rompermi l'osso del collo. La bestiaccia bianca aveva continuato a guadagnare terreno ma fortunatamente io avevo raggiunto la mia auto parcheggiata a valle prima che lui raggiungesse me. Ero talmente furioso che, appena al sicuro nell'abitacolo di ferro, mi era venuta in mente l'idea – poi quasi subito accantonata – di tentare di travolgerlo. Avevo anche capito perché, tra cani da pastore e maiali selvatici, l'Appennino non è poi tanto popolare tra gli escursionisti. I monti brulli non sono certo affascinanti come quelli boscosi ma la loro esistenza nello stato attuale è giustificata dal semplice fatto che il bosco – qualsiasi bosco naturale – costituisce un pericolo pubblico in proporzione diretta alla sua naturalità. In Cina, quando ne rimaneva una piccola estensione su una collinetta presso un villaggio, le comunità umane si accanivano a tagliarlo o bruciarlo senza pietà nel timore inconfessato che vi si nascondesse una tigre. Così, a poco a poco, le tigri cinesi sono rimaste soltanto sulla carta e la stoffa e i cinesi hanno superato un miliardo e mezzo di unità. Contrade popolose, sicure, puzzolenti e squallide che sostituiscono contrade insicure splendide e profumate.

4. Foreste demaniali.

Attraverso quali contrade e in quanto tempo non avrebbe potuto dirlo, ma infine Bruno era giunto in vista di una montagna boscosa. Aveva trovato un sentiero dotato persino di una rozza segnaletica e lo aveva seguito camminando lentamente, guardandosi attorno di tanto in tanto.

I primi pini gli erano apparsi isolati, appigliati alla roccia come a un estremo baluardo. Poi, la strada curvò dietro una parete rocciosa e si addossò alla montagna: a sinistra, il precipizio, a destra la roccia, nello stretto spazio in mezzo, un cancello aperto con una scritta:

REGIONE SICILIANA. AZIENDA FORESTE DEMANIALI. BANDITA DI CACCIA

Oltre il cancello, il paesaggio brulicava di pini. Bruno affrettò il passo, ansioso di raggiungere un angolo d'ombra. In pochi metri, il terreno aspro e roccioso si ingentilì, la terra divenne meno polverosa e si coprì di un fitto strato di aghi secchi e scivolosi, ma in coltre soffice che copriva il terreno secco. In quel vagabondaggio, i pini di Aleppo lo accoglievano come un'oasi di riposo. Bruno gettò il suo fardello sulla coltre secca e si sedette, appoggiando la schiena a un tronco con un sospiro di sollievo. Cercò di fare il punto della sua situazione: aveva iniziato quella giornata con i suoi amici sulle pareti del Raffo Rosso, nei pressi di Capaci, dove aveva osservato una bella colonia nidificante di gracchi corallini. Poi, tutti insieme si erano inoltrati verso sud ovest. Nei pressi di Carini avevano sorpreso e ucciso la volpe e poi si erano inerpicati sulla Montagna Longa con l'idea di valicarla e di ridiscendere a Cinisi. Proprio su quella maledetta montagna si erano perduti.

Con ogni probabilità, Piero e Vincenzo avevano trovato la sterrata che scendeva verso il mare in direzione nord-ovest mentre lui chissà come aveva seguito la direzione sud-ovest verso Montelepre e Partinico. Soddisfatto della sua ricostruzione, svitò il tappo della borraccia e bevve. Ebbe la piacevole sorpresa di trovare che l'acqua era ancora abbastanza fresca. Come rinfrancato, cavò dal taschino un pacchetto rosso e accese una sigaretta ma, alla prima boccata, avvertì una sgradevole sensazione di vuoto che lo stringeva dalla gola all'esofago. La testa gli rintronava e lo stomaco reclamava cibo e acqua. Guardò l'orologio: le tre e mezza. Non era poi un gran digiuno dalla sera precedente, ma certamente poco piacevole in quelle circostanze. Allora spense il mozzicone premendolo contro una roccia, lo gettò a terra e lo pestò ancora col tacco finché non fu sicuro che non ne rimanesse neppure una piccola scintilla. Poi si alzò, raccolse il suo fardello e riprese a camminare lentamente nella pineta. Era stanco, si sentiva sporco e affamato e ora provava anche la fastidiosa sensazione di un ingombro intestinale. Non era un bisogno tanto impellente da indurlo a liberarsi senza il conforto di adeguati servizi igienici, tuttavia era sufficiente a rendere tutto ancora più sgradevole. Peggio ancora, si era anche levato un fastidiosissimo vento.

5. Credito accademico

La forza del vento come un gradiente continuo, continuavo a ripetere a me stesso correndo come un matto per la foresta tropicale indocinese. Un gradiente continuo e graduale, cari colleghi, anzi colgo l'occasione per ringraziarvi molto di avermi ascoltato e di dare anche, di tanto in tanto, qualche segnale verso l'esterno che sta a indicare una persistente attività del nostro sistema nervoso, nostro intendo nel senso di categoria professionale. Certo, tutti noi vediamo che l'università non è poi una grande raccolta di menti superiori, ma se andiamo a guardare cosa c'è fuori, dobbiamo per forza concludere che, al momento, non abbiamo nulla di meglio per rappresentare la cultura e la scienza.

Correndo in quel modo, ormai sentivo un affanno lancinante e mi rendevo perfettamente conto che – se qualcosa non fosse andato per il verso giusto – forse non avrei avuto mai più l'occasione per rimpiangere le occasioni perdute. Certo, sarebbe stato bello affrontare nuove prospettive, ma ora il problema fondamentale era di non rompersi l'osso del collo e non farsi mangiare da un bestione a zanne e a strisce. Mi piaceva tanto pensare di riuscire a tornare alla mia solita vita: entrare in aula, controllare che tutto fosse in ordine e soprattutto che ci fossero il proiettore, lo schermo e almeno una lampada di ricambio. È quasi incredibile la frequenza con cui le lampade dei proiettori si bruciano nel corso delle lezioni e delle conferenze, con risultati che sarebbe molto gentile definire penosi.

La gente non crede che, nell'organizzazione di una conferenza, la maggiore difficoltà sia quella di assicurarsi un numero adeguato di lampade e di proiettori. Ritiene piuttosto che il problema sia quello di convincere un certo numero di persone illustri di disturbarsi a venire. E invece non è affatto vero, almeno se le persone sono veramente illustri e se ci sono i soldi per pagare tutte le loro spese di viaggio e di soggiorno. Chi rifiuterebbe un bel viaggio sul lago di Como da un'oscura cittadina del Connecticut in cambio di una conferenza di quarantacinque minuti sul tema del suo lavoro di ogni giorno? Se qualcuno vi fa difficoltà, è probabile che si tratti di un venditore di fumo che non saprebbe cosa raccontare.

Uno dei problemi più seri nel mondo della ricerca è proprio quello di riuscire a distinguere in tempi ragionevolmente brevi una persona seria da un venditore di fumo. Il fatto è che una persona che si occupa di ricerca pura non produce nulla di tangibile al di fuori di un po' di carta stampata e non è per nulla facile, per uno che non si occupi esattamente dello stesso argomento, giudicare la qualità di un simile prodotto. Però non è neppure impossibile: anzitutto, tra le cosiddette riviste specializzate ve ne sono alcune che godono di un altissimo credito a causa del rigore con cui perlomeno si dice che vaglino il materiale proposto, mentre altre, a torto o a ragione, non godono di una tale reputazione. Perciò, se qualcuno presenta un curriculum personale che elenca una bella sequela di articoli pubblicati su una rivista come il *Journal of Zoology* di Londra, è poco probabile che si tratti soltanto di un parolaio. Se invece la maggior parte dei suoi articoli è stata pubblicata su qualche oscuro giornale come i *Rendiconti dell'Accademia delle Scienze di Crescenzago*, allora ci potrebbe anche essere qualche motivo per dubitare di lui. Sempre con le dovute cautele, s'intende, perché qualsiasi tipo di circolo, anche il più qualificato, si trasforma ben presto anche in una tribù chiusa in se stessa che accetta di buon grado le mediocrità omologate dei suoi soci e rifiuta con diffidenza la produzione di qualità di individui esterni al gruppo che non conoscano a fondo le liturgie da osservare per essere presi in considerazione. Per chi riesce a superare questi scogli, gli americani hanno escogitato il sistema dell'*impact factor*: in una pubblicazione specializzata si elencano tutte le bibliografie che appaiono sulle riviste scientifiche e si tiene il conto di quante volte vengono citati gli articoli già pubblicati dagli autori di nuovi lavori; se un articolo viene citato molto spesso, ciò dovrebbe indicare che viene molto letto e che serve come base culturale per la produzione di nuovo materiale scientifico; in genere, significa anche che il suo autore pubblica abbastanza spesso e che pubblica materiale utile a qualcuno. In caso contrario, bisogna invece desumere che l'autore non citato pubblica poco, oppure che pubblica materiale irrilevante, che non viene letto da nessuno e non serve a nessuno.

A ben guardare, però, la massima parte dei casi concreti non si colloca ai due estremi opposti della rilevanza ma piuttosto in un'ampia zona intermedia di mediocrità dove si pubblica abbastanza regolarmente ma ci si limita a realizzare una serie continua di piccoli studi di second'ordine che ribadiscono semplicemente modesti concetti già ben chiariti in precedenza. Mi è capitato di tornare a frequentare un convegno internazionale che veniva organizzato con cadenza biennale dopo un'assenza di dieci anni e di ritrovarvi praticamente tutti gli argomenti che vi avevo ascoltato l'ultima volta, con nulla di più. D'altronde, come si fa a lamentarsi di una situazione di questo genere quando è proprio quella che paga di più in termini di carriera accademica? C'è una storiella sui baroni universitari: si dice che, quando scelgono un collaboratore facciano bene attenzione che sia un po' più stupido di loro. Così, non darà fastidi e proseguirà senza obiezioni sulla loro linea di studio, senza darsi la pena di progettare nulla di nuovo. In questo modo, di generazione in generazione, si arriva a un professore talmente stupido che, credendo di scegliere uno più stupido di lui, permette l'ingresso in Università di una persona molto intelligente. E qui il ciclo ricomincia. Forse è solo per questo fenomeno ciclico che l'istituzione accademica riesce tuttora a stare in piedi in qualche modo nonostante tutto.

6. Brodo piccante.

Il distacco dai miei compagni aumentava di nuovo e io tornavo a sentirmi demoralizzato. Avevo del tutto ignorato alcune interessanti raganelle rossicce su una parete umida ricoperta di muschio e avevo quindi riflettuto con amarezza sullo straordinario abbassamento di livello della mia reattività emotiva da naturalista. Tutto era perduto, il mio sistema nervoso era in crisi totale. Questo mi aveva fatto Pierre: tanto mi aveva sbattuto in qua e in là con le sue idiozie da riuscire a ridurmi al livello di un qualsiasi ometto terrorizzato che ormai ignorava le meraviglie del mondo della natura e sarebbe stato disposto a qualsiasi compromesso pur di salvare la pelle.

Ora il nostro percorso si snodava su un greto ciottoloso abbastanza agevole. Fu proprio lì, su un isolotto d'erba in mezzo alle pietre che improvvisamente mi trovai di fronte allo scheletro. Non uno scheletro umano, per mia fortuna, soltanto quello di una grossa lucertola, un varano di foresta che doveva essere stato lungo circa un metro, ma uno scheletro più che sufficiente per inviare un forte messaggio di morte a chi se lo fosse trovato sul suo cammino. I resti raccontavano la fine di un animale abbastanza grande da suscitare una forte impressione a un altro animale grande come noi. Certamente, quella grossa lucertola era stata ben adattata all'ambiente in cui viveva e non intenzionata a morire tanto facilmente. Chissà chi l'aveva incontrata e brutalmente uccisa per mangiarsela. Non vedevo alcun altro motivo per cui si sarebbe dovuta ridurre in quel modo. Una martora forse o magari una pantera o anche la tigre. Perché mai la tigre dovrebbe risparmiare un varano se riuscisse a catturarlo abbastanza agevolmente evitando anche di ricevere un morso? Cosa che mi sembra non molto difficile per una tigre che deve anche evitare cornate e zoccolate molto più pericolose. Un varano in meno, speravo proprio di non fare la sua stessa fine.

L'ultima sera di Kao Yai avevamo invitato a cena Tum e Narumol. Senza secondi fini, mi aveva precisato Pierre. D'accordo, ci mancherebbe altro, ma paghiamo a metà, gli avevo risposto.

Tum era stata deliziosa. Mi ero affidato a lei per le ordinazioni dicendole che avrei gradito una cena strettamente tailandese. Allora vuoi pesce con contorno di brodo piccante? Mi aveva chiesto lei. Vada per il brodo piccante se questa è la tradizione della Tailandia.

Era stato davvero piccante, al di là di ogni possibile immaginazione. Difficile da trangugiare senza sentire un violento bruciore alla testa. Ed era piccante anche lei con il suo sorriso e le sue maniere gentili e consapevoli. C'era anche pesce nel brodo, un pesce che, nonostante tutto, aveva conservato il suo spiccato sapore di pianura inondata. Chissà quale specie in questo straordinario paese che in certe stagioni dell'anno si allaga e lascia più spazio ai nuotatori che ai camminatori. Qui esistono addirittura pesci che catturano prede terrestri spruzzando un getto d'acqua, pesci che camminano sul fango delle rive come se fossero rane o salamandre e persino pesci dotati di labbra a ventosa che usano per ancorarsi alle rocce quando la corrente è troppo forte. Chissà quale altra apparente stranezza aveva segnato la vita del pesce che stavo mangiando.

Alla fine della cena ci si era sciolti un po' tutti, persino Pierre che sorrideva serafico e disteso. Era già concordato che le ragazze partissero la mattina seguente, con l'autista e la Landrover per trascorrere la domenica a Bangkok in libertà da ulteriori impegni di lavoro. All'inizio del viaggio avevo tentato di proporre un prolungamento del soggiorno ma Tum si era subito rabbuiata e io avevo immediatamente tirato fuori dal cappello quella sorta di transazione: le nostre strade si sarebbero divise sabato mattina; non era assolutamente necessario riportarci in città e neppure assisterci ulteriormente; saremmo tornati in treno e ci saremmo direttamente spostati dalla stazione ferroviaria a quella degli autobus per andare a Klong-Nakah. Avrei voluto anche dirle di più, che mi era anche dispiaciuto che nessuno di noi due, viaggiatori in Tailandia, l'avesse corteggiata almeno un po'. Ne sarebbe valsa decisamente la pena ma io non ero in grado di farlo per miei motivi personali e Pierre nemmeno, per suoi motivi forse diversi dai miei. Capivo che lei non era abituata così ma, anche se mi dispiaceva, tutto era assolutamente al di fuori della mia capacità di controllo. Doveva avere pazienza, sorridere e basta, agitare il braccio per salutare dal fuoristrada e ritornare in città senza cattivi pensieri. Io e Pierre saremmo partiti verso una giungla del sud dove, di lì a pochi giorni, avremmo incominciato a correre come pazzi per vedere una pozza di fango dove si era rotolato un tapiro dalla gualdrappa.

7. Burroni.

Stavo correndo a precipizio nella foresta, percorrendo il ciglio di un'ampia ansa del fiume profondamente incassata quando, di colpo, il terreno mi franò sotto i piedi e precipitai rovinosamente verso un greto di ciottoli che poteva giacere venti o trenta metri più in basso. Cadevo giù per il pendio, a picco verso il fiume spumeggiante ingombro di enormi sassi, verso una fine rapida quanto inaspettata nella sua repentinità. Tutto era perduto e non sarei potuto sfuggire alla mia sorte se in mio altrettanto fulmineo soccorso non fosse giunto l'intrico stesso della vegetazione. Fu un attimo: prima di perdere del tutto il contatto con la superficie del suolo, cercai disperatamente un appiglio, afferrai al volo il tronco di un alberello e vi rimasi aggrappato, penzolando sul burrone con lo zaino che a sua volta mi pendeva dal gomito e che non so perché mi ostinavo a trattenere come se la mia stessa vita dipendesse dal suo salvataggio. Però incominciai anche a urlare a squarciagola cercando di fermare in tempo i miei compagni che continuavano a schizzare in avanti. L'alberello si piegava rimanendo abbastanza solidamente ancorato al suo terreno ma sarebbe stato prudente non abusare della fortuna. Con lo zaino al gomito, però, non riuscivo a fare altro che pencolare sul vuoto e continuare a urlare.

Fui raggiunto poco dopo dall'aiutante di Wisit che era tornato indietro di corsa per raccogliermi. Mi aiutò a inerpicarmi sul ciglio mormorando un inatteso *"sorry, sorry"*, come se fosse stato lui in persona a sbattermi giù. Certo, a ben pensarci, si rendeva conto che io ero la vittima predestinata di un'incuria di gruppo e mi esprimeva il suo disappunto per questa situazione. Disappunto singolare per la sua generosità, tutto sommato, e dovuto presumibilmente alla sua giovane età. Farfugliai qualche parola per fargli capire che lo ringraziavo e che non ce l'avevo con lui, cercai di risistemarmi alla meno peggio lo zaino in spalla e ricominciai quasi subito a correre urlando contro Pierre in perfetto italiano. Urlavo come un ossesso snocciolando un insulto dietro l'altro e cercando di scegliere quelli più simili ai corrispondenti epiteti in lingua francese per non dovere rischiare di rimanere sostanzialmente incompreso. Ebbi il piacere di constatare che questo pericolo era stato sventato quando Pierre si fermò a guardare indietro verso di me e poi si rivolse a Wisit dicendogli: *"He is angry"*. Meglio di così non poteva andare. Tornavo a correre per la mia vita e riuscivo anche a comunicare i miei pensieri.

8. Cacciatori.

Ora, Bruno si trascinava sotto una specie di cappa di piombo e si sentiva davvero spossato. La montagna non finiva e ogni oggetto nuovo sembrava sempre meno interessante. Non era solo il fatto che la pineta fosse ormai scomparsa e con essa il

212

ristoro e ogni ombra di vita. C'era anche il malessere che ormai lo dominava con una diffusa sensazione di ingombro intestinale insieme con una fastidiosa emicrania.

Ciononostante, non aveva abbandonato la volpe. Non che non ci avesse pensato, ma era sempre riuscito a trattenersi considerando che sarebbe stato ovvio pentirsi di un gesto tanto semplice.

Gettarla in un burrone. Qualche avvoltoio batteva ancora le cime di quei monti e sarebbe calato con entusiasmo. Quelle povere bestie hanno ben poco da mangiare. Per forza scompaiono.

Cercheranno qualche posto migliore. Una vera pacchia sarebbe stata. Figuriamoci che feto.

No, meglio di no. Bastavano le carcasse di vacca abbandonate sulle spiagge. Un vero sconcio. Immaginate di andarci in costume pensando di andare a respirare un po' di aria di mare. Io costringerei i responsabili a ripulire tutto mangiandosele a morsi. Il sole le pulirà lo stesso, ma chissà quando e quanta gente nauseata prima.

Questi pomeriggi sono irrespirabili. Chissà chi sopporta queste pelli di volpe che sembrano lana.

Non c'é di che, signore. Buona caccia. Altroché, molto, molto buona. E meno male che non ho portato il fucile.

Pietre e pietre. Forse laggiù formano un muretto da capre. Forse una stalla. Ad ogni modo, è meglio avviarsi in quella direzione.

La prima cosa che gli apparve fu una capra lanosa ritta su un cocuzzolo. Lo guardava con un interesse misto a un po' di diffidenza. Se non fosse stato per lui – sembrava dirgli – sarebbe stata intenta a brucare, ma ora doveva restare all'erta. Quando fu troppo vicino, si spostò rapidamente di roccia in roccia. Bruno la seguì con gli occhi, con una sorta di ammirazione di uno spettacolo che, d'altra parte, gli era consueto. Scomparve dietro un masso e riapparve una quindicina di metri più in alto, insieme con una compagna. Si spostarono sulla montagna in direzione opposta a quella della costruzione di pietra. Bruno pensò che, se di manovra diversiva si trattava, ebbene non era certamente efficace per sviare un essere umano. Ignorò i due animali e procedette rapidamente verso l'ovile. La distanza a cui si trovava era ancora di un centinaio di metri e già sulla roccia appariva una terra brunastra ricoperta di piccoli escrementi dalla forma di palline. Non esalavano neppure un odore tanto sgradevole e si sarebbe potuto credere che fossero i frutti secchi di qualche pianta selvatica se soltanto ce ne fosse stata qualcuna.

Poi il terreno si fece più scuro e gli stivali di Bruno si appesantirono raccogliendo sotto le suole un materiale attaccaticcio che pareva qualcosa di mezzo tra il fango e lo sterco. Infine giunse allo spiazzo.

Di fronte alla costruzione di pietra gli apparve una grande vasca rettangolare di raccolta dell'acqua, profonda circa un metro. Era piena soltanto per circa un terzo e appariva ingombra di limo verdastro e popolata di idrofili e notonette. La conduttura era secca e la natura circostante non lasciava sperare molto sulla sua vitalità futura. Ad ogni modo, Bruno aveva una sete insopportabile e allungò le palme delle mani per raccogliere quel miserevole brodo di coltura. Si portò alla bocca la prima sorsata e si passò sulla faccia le mani bagnate. Non poté continuare perché fu interrotto da una voce severa risonante nel dialetto stretto della provincia:

«Chi è ?»

Bruno si rialzò e si voltò rapidamente:

«Cacciatori» disse.

L'uomo portava un paio di pantaloni di pelle di capra legati con una corda a una giacchetta di canovaccio. Non aveva berretto e i capelli ricci e unti gli incorniciavano liberamente il viso scuro.

«Quell'acqua non è potabile. Non lo vede che è *fitusa*?»

«Sì, lo vedo ma ho troppa sete. Mi sono perduto e non credevo che qui ci fosse qualcuno. È da stamattina che giro per le montagne».

L'uomo gli fece cenno di seguirlo spalancando la porta della costruzione di pietra. Era un rifugio simile a una stalla, senza finestre tranne uno spiraglio vicino al tetto, pavimentato soltanto in terra battuta, ingombro di giare, pentole annerite e sacchi di tela. In un angolo, un vecchio tavolo basso e alcune grosse pietre piatte disposte ordinatamente intorno.

«Si accomodi» disse il pastore indicandogliele.

Bruno non se lo fece ripetere una seconda volta.

Il pastore tolse una tazza da uno scaffale di legno e la posò sul tavolo. Poi sollevò una brocca e versò acqua fino a riempirla quasi tutta.

Bruno bevve ed espresse un confuso apprezzamento. Il pastore riempì di nuovo la tazza, questa volta con un liquido bianco e cremoso che versò da una bottiglia di vetro. Bruno ringraziò e bevve di nuovo.

«Questo latte è davvero squisito» disse appena ebbe finito di sorbire il liquido dalla tazza.

«Sì, è prodotto nostro. Vossia è di Palermo?»

«Di Palermo» confermò Bruno.

«Certo, a Palermo il nostro latte non arriva».

9. Capolinea

E anche la mia strada non arrivava. Ormai era giunto il momento della resa dei conti, il tempo in cui ci si accorge che la vita – in qualunque modo sia andata e per qualunque tempo sia durata – può improvvisamente giungere al capolinea senza nessun preavviso né lungo né breve. Non importa quanto si è fatto e non importa neppure che si sia fatto qualcosa. La conclusione può essere brusca, imprevedibile e anche completamente insensata.

Qualche volta mi ero chiesto quali sarebbero stati i miei pensieri in un simile frangente. Ebbene, la cosa che ricordo con maggiore chiarezza è che neppure per un attimo avevo perso tempo a pensare ai tapiri. E pensare invece che, in opportune condizioni, i tapiri mi avrebbero potuto letteralmente appassionare, catturare la mia attenzione con quel loro aspetto da relitto dell'era terziaria, da perissodattili appena abbozzati e poi non terminati seriamente, né come rinoceronti né come cavalli.

No, i tapiri non mi interessavano proprio o perlomeno non mi interessavano più. Nulla di personale contro di loro, semplicemente, mi erano stati imposti nel momento sbagliato. Se proprio dovevo morire per causa dei tapiri e di Pierre, non avrei dedicato neppure un breve pensiero né a loro né a lui. Meglio ricordare qualcos'altro, per esempio un'alba gelida nella foresta di Bialowieza, una cerva al guado tra le paludi del Guadalquivir, un topo quercino che sporge il suo muso mascherato da un nido di ghiandaia foderato di muschio in un bosco della Sicilia, i tordi in canto in una fredda mattina di primavera scozzese, una corsa in macchina con una persona cara su una pista del Sahara, con le dune a perdita d'occhio nella luce radente dell'alba. Avrei fatto tutto il possibile per non morire, ma se proprio la cosa si fosse presentata come inevitabile, ebbene avrei affrontato la morte a modo mio e non secondo i modi di Pierre.

Dimenticare i tapiri e anche tutti i ricordi più banali del mondo da cui ero venuto. Attorno a me c'era il cuore stesso del pianeta nel suo massimo splendore, quello della foresta tropicale in versione pluviale asiatica. Le mie storie e le mie piccole personali sofferenze si erano stemperate in nebbia, come se fossero state soltanto una fantasiosa proiezione delle mie angosce. Ciò che rimaneva al di fuori di ogni dubbio era la tragedia del pianeta, non più mascherata, trasfigurata e simbolicamente presentata come qualcosa di diverso. Non c'era alcun bisogno di manipolazioni genetiche per distruggere questo mondo meraviglioso chiamato Gaia: bastava l'uso spregiudicato della psicologia sociale da parte di un invisibile piano di replicazione economica e culturale. Proprio come il DNA, nessun altro scopo se non la conservazione della propria sequenza virtuale, dei propri disastrosi moduli culturali. Non c'era modo di fermarli, avrebbero raso al suolo le ultime foreste, avrebbero ucciso senza pietà tutti i possibili avversari, avrebbero costruito tangenziali, stadi, dighe, quartieri residenziali, alberghi, ristoranti, centrali termoelettriche, padiglioni per mostre e congressi, autorimesse, chiese, cimiteri, scuole, ospedali, cinematografi, studi televisivi e altro ancora. Tutto questo avrebbero costruito a spese dei prati e dei giardini, delle vecchie strade di campagna, dei filari di pioppi e dei roveti, dei rospi e dei ramarri. Tutto sarebbe scomparso mentre il Sommo Sacerdote di questi farabutti impuniti avrebbe ripetuto senza fine su tutti i canali televisivi il proprio ossequio formale alla vita, cioè alla crescita. *"Alla crescita, alla crescita, anzi alla crescita"*. Su questo grido si sarebbe innescato l'ultimo terremoto che avrebbe aperto immense voragini. Sarebbero stati inghiottiti anche loro ma per ultimi, continuando a cantilenare senza fine le loro litanie. Si sarebbero inabissati nella terra continuando a emettere parole come peti rumorosi di qualcuno che ha mangiato in un modo disastroso e non lo vuole ammettere a nessun costo. Così sarebbe finita per sempre Gaia e non credo proprio che sarebbe rimasta una nuova possibilità per la nascita di qualsiasi altra entità umana sul pianeta. Certo, la vita sarebbe continuata a lungo sul pianeta, come era continuata dopo ogni grande crisi di estinzione delle passate ere geologiche, ma la civiltà umana sarebbe stata definitivamente distrutta, miliardi di uomini sarebbero scomparsi nel nulla così come io stavo per scomparire a causa dei tapiri di Pierre.

10. Salvezza

La foresta mi correva intorno come uno splendore ostile che pareva trasformarsi sempre di più nel mio testamento. Da oltre due ore, ormai, stavo camminando in un torrente con l'acqua fino alle cosce. Enormi massi rotondi sembravano stare lì apposta per farmi inciampare e spaccare una gamba. Ormai la soluzione infausta mi sembrava sempre più probabile. Di lì a poco, sarei rimasto laggiù, in balia delle tigri. Con una gamba spezzata non sarei neppure riuscito a issarmi su un albero per attendere i soccorsi tremando nel buio. Cosa sarebbe potuto accadere a qualcuno che si fosse rotto un femore in questo remoto angolo di una sperduta provincia del sud? Meglio non pensarci e stare attenti a non cadere. Difficile, però: in realtà, continuavo a inciampare e a ritrovarmi in ginocchio nell'acqua. Ogni volta, mi rialzavo ancora tutto intero ma barcollavo un tantino di più. Lo stato dei miei vestiti rappresentava ormai anche per me stesso un indice allarmante della mia situazione. Camicia e pantaloni erano praticamente a brandelli e le scarpe si erano aperte sulle punte come quelle di un misero barbone dei fumetti. Il sole si abbassava rapidamente all'orizzonte e ormai non penetrava più nell'intrico dei rami. Le mie speranze andavano diminuendo minuto per minuto.

Fu all'improvviso che intravidi prima la possibilità e poco dopo la realtà concreta della salvezza. In una luce ormai fredda e quasi azzurrina, le sponde del torrente si abbassarono e si aprirono di colpo offrendo uno sprazzo chiaro e un approdo inatteso. Al di là di esso comparve un tratto di foresta più piatta e rada, come un parco con erba calpestata e alberi giovani. Subito mi trascinai fuori dal torrente e mi diressi in quella direzione, attratto dalla leggera bruttura che mi trovavo di fronte come da qualcosa di familiare e di rassicurante. Non era un posto da aquile dal ventre bianco o da buceri: piuttosto sembrava adatto all'incontro con qualche capra o maiale. Sulle prime quasi non me ne accorsi e comunque non rallentai affatto la mia andatura, anzi la accelerai tanto quanto potevo per il terreno sgombro dall'acqua e dai sassi. Poi, quando mi resi conto di essere su un vero sentiero e anche a distanza ormai brevissima dalle case di legno della stazione forestale tailandese, incominciai a poco a poco a immaginare e sperare. Forse ce la potevo fare. Forse, entro pochi minuti, avrei potuto abbassare il livello del mio impegno fisico e anche la mia tensione interna che ormai era divenuta intollerabile. Forse avrei portato a casa la pelle una volta di più anche se questa volta ero andato vicino alla tragedia come non mai, come chiaramente testimoniava il mio miserevole aspetto. Forse, probabilmente, anzi certamente. Tra gli alberi comparvero manufatti, un rozzo steccato di legno e infine un operaio in carne e ossa con una vanga sulla spalla che camminava tranquillo sul nostro sentiero, in direzione opposta alla nostra. Mi salutò con un breve cenno del capo, come se nulla fosse accaduto, come se anch'io fossi stato in procinto di rientrare da una tranquilla passeggiata su sentiero poco oltre gli steccati della stazione. Una passeggiata da venti minuti insomma, come se quella durissima giornata di sofferenza fosse stata improvvisamente inghiottita nel sogno. Allora rallentai a poco a poco, raggiunsi una radura più ampia, mi fermai in vista del primo fabbricato e mi sedetti su una pietra piatta, ansimando come un mantice rotto, come un subacqueo che riemerge da una lunghissima apnea dopo essere rimasto bloccato sul fondo dalla morsa implacabile di una gigantesca tridacna. Dio ti ringrazio, ce l'ho fatta, pensai, ce l'ho fatta anche stavolta, ho riportato a casa la pelle, la mia preziosissima, insostituibile pelle. Senza smettere di ansimare, senza chiudere gli occhi, senza perdere veramente i sensi mi accasciai, praticamente svenendo di gioia.

www.ingramcontent.com/pod-product-compliance
Lightning Source LLC
Chambersburg PA
CBHW051802170526
45167CB00005B/1849